■ 畜禽高效养殖全彩图解+视频示范丛书 ■

高效养牛

全彩图解
＋视频示范

张元庆　主编

化学工业出版社

·北京·

内容简介

肉牛养殖已成为畜牧业新的增长点，我国肉牛养殖有着特定的养殖生产模式和经营模式，随着养牛业的发展，逐渐形成区域产业带。本书系统介绍了养牛业发展现状，肉牛场标准化建设，肉牛营养需要，肉牛高效饲养管理技术与活体评价分割工艺，肉牛饲草料高效生产与加工利用技术，肉牛场生物安全体系建立和常见病防治技术等。本书配有丰富图片及视频示范（书中扫码看视频），以方便读者更加直观地理解相关内容。

本书可作为农业院校相关专业师生用书，也适合肉牛养殖生产者、管理技术人员、养牛技术咨询人员、基层兽医工作者使用。

图书在版编目（CIP）数据

高效养牛全彩图解+视频示范/张元庆主编． —北京：化学工业出版社，2022.7（2025.1重印）
（畜禽高效养殖全彩图解+视频示范丛书）
ISBN 978-7-122-41151-8

Ⅰ．①高…　Ⅱ．①张…　Ⅲ．①养牛学－图解　Ⅳ．①S823-64

中国版本图书馆CIP数据核字（2022）第057380号

责任编辑：漆艳萍　　　　　　　　　　　　装帧设计：韩　飞
责任校对：刘曦阳

出版发行：化学工业出版社
　　　　　（北京市东城区青年湖南街13号　邮政编码100011）
印　　装：盛大（天津）印刷有限公司
880mm×1230mm　1/32　印张7¾　字数204千字
2025年1月北京第1版第4次印刷

购书咨询：010-64518888　　　　　　售后服务：010-64518899
网　　址：http://www.cip.com.cn
凡购买本书，如有缺损质量问题，本社销售中心负责调换。

定　　价：59.80元　　　　　　　　　　　版权所有　违者必究

编写人员名单

主 编 张元庆

参 编（按姓氏笔画排序）

王栋才　李　博　张丹丹

梁　圆　程　景　靳　光

校 稿 李　军

前言

PREFACE

　　由于人们生活水平日益提升、人口规模不断扩大、城镇化进程加快，"十三五"以来，尤其在非洲猪瘟影响下，我国居民肉类消费结构持续发生改变，牛肉消费量稳步增加。肉牛产业相比其他养殖业，无论是饲养管理还是生产水平均比较落后，面临大而不强、资源分散、产业化和规模化程度低等问题。受传统养殖观念的影响，多数养殖场（户）对牛的品种、饲草料的选择和科学配方等方面重视不够，饲养方式以粗放散养居多，注重短期效益，缺少分阶段精准饲喂的观念和理论，缺乏现代的科学养牛意识，技术接纳度较低，严重制约了肉牛产业化发展。运用先进的技术从不同角度促进肉牛产业的开发利用，是助力肉牛产业快速提升的必然趋势。

　　为了适应肉牛产业发展的需要，我们总结了多年的研究成果和生产实践经验，编写了这本《高效养牛全彩图解+视频示范》，旨在向广大肉牛生产者介绍高效养牛技术，为养殖人员和技术人员提供系统、简单、操作性强的实用技术，并通过图片和视频

（书中扫码看视频）更直观地呈现，以期为促进我国肉牛业的持续发展和全面实现乡村振兴服务。

本书的编写立足于全面介绍肉牛高效养殖技术，文字力求通俗易懂，可操作性强。具体内容为养牛业发展现状、肉牛场标准化建设、肉牛营养需要、肉牛高效饲养管理技术与活体评价分割工艺、肉牛饲草料高效生产与加工利用技术、肉牛场生物安全体系建立和常见病防治技术等，全面阐述了高效养牛的各个关键技术环节，可供不同规模和类型的肉牛养殖场（户）生产人员和技术人员阅读和使用，也可供从事畜牧兽医教学、科学研究人员参考。

本书编写过程中参考了国内外专业杂志报道和论述以及部分网络资料，限于篇幅，未能全部列出，在此特向相关编著者谨致谢忱。

由于编者水平所限，书中不妥之处在所难免，敬请读者批评指正。

编者

2022 年 1 月

CONTENTS 目录

第一章

养牛业发展现状

❧❧ 第一节 ❧❧
国内外肉牛养殖概况

一、全球肉牛养殖发展趋势

　　根据美国农业部数据，全球肉牛存栏量在2014年最高达到10.08亿头，但2015年存栏量数据下滑2.85%（图1-1）。之后几年，存栏量逐渐恢复，2018年存栏量达到10.02亿头。2019年存栏量数据接近2014年水平。

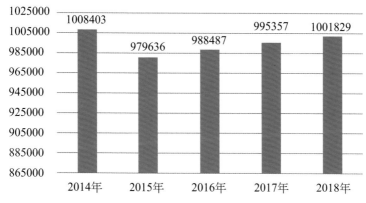

图1-1　全球肉牛存栏量示意图（单位：千头）

2018年主要的肉牛存栏量国家中，印度在全球肉牛存栏量最高，占比高达30%，巴西第二，占比23%，之后依次为欧盟、阿根廷、澳大利亚。

1.全球牛肉生产现状

美国是牛肉生产消费大国，一年的生产消费占到了全球的1/5，其次就是巴西和欧盟，各占18.00%和18.61%。预计在未来9年内，全球牛肉产量将首次下跌（29.5万吨），而巴西、中国和印度的牛肉产量会略有增加，其足以平衡欧盟27国、阿根廷、澳大利亚和俄罗斯这些国家减产的牛肉量。

2016年全球牛肉产量为6046.6万吨，同比增产205.3万吨。美国、巴西、欧盟、中国、印度分列前五，印度活牛屠宰率不高，牛肉产出较少，但近3年产量保持了年均复合3.4%的最快增长；美国肉牛屠宰平均体重最高，牛肉产出最高。全球牛肉消费量为5873.9万吨，同比增长226.2万吨，其中美国、中国、欧盟、巴西、印度分列前五，土耳其、印度和中国的消费增速最高，分别达到10.6%、6.2%和2.9%。全球牛肉出口贸易量为942.6万吨，3年复合增速1.2%。印度、巴西、澳洲、美国是年出口量在100万吨以上的4个主要牛肉出口国，占比接近2/3。全球牛肉进口贸易量为771.1万吨，3年复合增速1.1%。美国、中国、日本、韩国和俄罗斯是年进口量在50万吨以上的主要牛肉进口国。

2.全球牛肉市场贸易现状

全球牛肉及小牛肉行业发展稳定，2013年度全球牛肉及小牛肉产量为60785万吨，2017年产量增至61318万吨。2013年全球牛肉及小牛肉消费量为59122万吨，2017年消费量为59401万吨（表1-1）。

通过2013—2017年数据分析全球近年来牛源情况、牛肉产量及消费量情况，全球牛存栏量保持在10亿头左右，波动较小，同时全球肉牛的出肉量增幅不大，肉牛头均出肉量维持在210千克左右，因此全球可供给牛肉总量维持稳定。另一方面，在存栏量和出肉量

表1-1   2013—2017年全球牛肉及小牛肉供需分析

年份	产量/万吨	消费量/万吨
2013年	60785	59122
2014年	61093	59024
2015年	60022	58164
2016年	60486	58728
2017年	61318	59401

不变的情况下，出栏率将直接影响年内牛肉供给量。国际市场保持稳定增长，这使得牛源供应与生产原料需求之间的矛盾日益严重，从而给育肥牛市场提供了非常好的时机。

根据美国农业部经济研究局（ERS）研究报告显示，2017年美国牛肉价格与上年相比，小幅上涨。在零售价格方面，2017年精选牛肉平均价格为5.16美元/磅，比上年上涨了4.52%。

在批发价格方面，2018年1月去骨牛肉（90%新鲜）平均批发价格为139.75美元/英担，比12月提高4.29%，比上年同期降低了2.12%。进口去骨牛肉（90%冷冻）全年平均批发价格为136.15美元/英担，比上年12月提高5.49%，比上年同期提高了2.40%。

总体上看，目前国际牛肉市场处于稳步增长阶段。美国仍然是肉牛产销量最大的国家，巴西、欧盟、中国、印度紧随其后。尽管饲料价格不断上涨以及其他因素对全球牛肉生产带来不利影响，但是亚洲和南美洲的生产依旧维持着全球牛肉市场的稳定。国际市场总体呈上升趋势，到目前为止，全球牛肉产量继续提高，牛肉消费量也会不断上升，因此肉牛需求量和牛肉贸易量也有望增加。

二、我国肉牛养殖机遇与挑战

我国是畜牧业大国，养着全世界一半的猪、三分之一的家禽、五分之一的羊、十一分之一的牛。2017年，全国肉、蛋、奶总产量达到1.52亿吨，猪肉和鸡蛋产量多年位居世界第一位，畜产品供给在保障市场消费、促进农民增收、维护食物安全、推进绿色发展、稳定物价水平等方面举足轻重，也是我国城乡居民"菜篮子"产品供应的"重头戏"，应当说"不够吃"和"不安全"的问题已经基本解决。2016年畜牧业产值超过3.2万亿元，占农业总产值的比重接近30%，带动上下游相关产业产值在3万亿元以上，已经成长为农业农村经济的支柱产业。

我国肉牛生产是在改革开放以后，国家放宽了牛的屠宰政策，实行自由购销，促进了肉牛市场的建立，实现了从传统以役用为主向肉用为主的转变，近十年发展势头良好。总体上来说，肉牛产业，特别是育肥牛产业，起步较晚，产业链各环节整体落后于现代畜牧业的发展。2016年，农业农村部出台了《全国草食畜牧业发展规划（2016—2020）》，强调了草食畜牧业对于促进农业转型升级的重要意义，肉牛产业被正式纳入国家现代化畜牧业发展战略体系。实践证明，发展肉牛产业对于加快农业结构调整、推进农业转型升级和脱贫攻坚等重大战略的全面实施具有重要意义。肉牛产业由此成为我国农业供给侧结构性改革中重点发展的产业，也是改善和升级城乡居民膳食结构的重要产业和新兴的朝阳产业。

2017年我国肉牛存栏量近1亿头，呈逐年下降的趋势；牛肉产量726万吨，稳中有升，连续6年呈现增长态势；肉牛年出栏量稳步增长，由2000年的3807万头增加到2016年的5110万头，增长34.2%；牛肉消费798.5万吨，也是持续增加的，都仅次于美国、巴西，居世界第三位。由于供不应求，进口量也在增加，尤其是高档牛肉和活牛走私比较猖獗。2017年，我国进口牛肉60.06万吨，同比增长18%。2018年1～4月，我国进口牛肉28.5万吨，同比增长32%。当前，我国肉牛业运行总体趋稳，散养户继续退出，规模化程度进一步提升；肉牛存栏基本结束下滑态势，肉牛出栏小幅减少，奶牛资源做了有力补充；澳牛屠宰业启动，屠宰行业压力加大；牛肉消费需求仍有较大增长空间，但增速趋缓；牛肉进口量继续大幅增加，进口产品呈多样化态势，进口依赖度还将进一步升高。总体分析，近期我国牛肉供求趋紧格局略有缓解，价格高位略降，养殖效益好转。

我国目前养牛业存在以下一些主要问题：一是地方品种当家，良种水平较低，缺乏专门化肉牛品种。秦川牛、南阳牛、鲁西牛、延边牛、晋南牛被公认为我国五大良种黄牛品种，我国牛肉总量的70%都来自这些品种及其与国外品种的杂交后代，平均胴体重212千克，而发达国家在300千克以上。总体生产水平仍然较低，主要表现在日增重、骨肉比、胴体重、肉质等基础指标较低，饲养周期长，饲养成本高和高档牛肉产量低也比较突出。二是饲养方式落后，饲养管理不科学。目前，我国肉牛养殖还处于以千家万户分散养殖为主的阶段，规模化养殖（存栏50头以上）比例不到30%，饲养条件与方式受自然条件、经济条件、科学养殖意识等影响很大，我国肉牛生产管理人员及养殖户的饲养管理水平整体不高，饲养管理不科学的现象普遍存在，一些新技术和新设备不能尽快应用到生产中，进而导致生产水平低，养殖成本高，养殖周期长，增大了养殖风险。三是粗饲料资源利用率不高，肉牛生产潜力没有充分发挥。在肉牛养殖生产中，饲料成本占总养殖成本的60%～70%，粗饲料是肉牛重要的营养来源。我国秸秆等粗饲料资源丰富，但受观念、加工技术、储存方式和饲养方式等因素影响，粗饲料利用率不高，秸秆饲料化率比较低。国内对肉牛生长发育特点、营养需要、日粮调制等方面的研究和应用也比较落后。四是屠宰加工水平较低，产业附加值不高。肉牛屠宰企业集中度很低，屠宰点数量多、规模小、水平低，大中型企业开工不足。全国肉牛年屠宰1万头以上的规模企业为250多家，年屠宰量为400多万头，仅占总量的10%。由于我国屠宰企业总体实力不强，牛肉产品档次偏低，品牌优势未能体现，难以实现优质优价，限制了产品升值。

《全国草食畜牧业发展规划（2016—2020年）》（以下简称《规划》）重点以肉牛、奶牛、羊、兔为重点，以转变发展方式为主线，以提高产业效益和素质为核心，坚持种养结合，优化区域布局，强化科技人才支撑，加大政策扶持力度，推动草食畜牧业可持续集约化发展，不断提高草食畜牧业综合生产能力和市场竞争能力，切实保障畜产品市场有效供给。《规划》对肉牛业的产业布局提出明确要求：巩固发展中原产区，稳步提高东北产区，优化发展西部产区，积极发展南方产区。加快推进肉牛品种改良，大力发展标准化规模养殖，强化产品质量安全监管，提高产品品质和养殖效益，充分开发利用草原地区、丘陵山区和南方草山草坡资源，稳步提高基础母牛存栏量，着力保障肉牛基础生产能力，做大做强肉牛屠宰加工龙头企业，提升肉品冷链物流配送能力，实现产加销对接，提高牛肉供应保障能力和质量安全水平。

在产业扶持政策方面，国家先后相继出台了牛羊良种补贴、基础母牛扩群增量补贴、南方现代草食畜牧业发展、牛羊大县奖励等扶持政策，持续加大牛羊标准化养殖场建设、良种工程、秸秆养畜等工程项目投资力度，推动草食畜牧业发展方式加快转变。但从全局来看，现有扶持政策在系统性、针对性、协调性方面尚显不够，特别是金融保险、进出口调控等政策亟待强化。

纵观肉牛产业发达国家发展历程，除以草地畜牧业为主的国家外，伴随工业化的不断推进，这些国家都经历了"肉牛役用价值逐步丧失、存栏持续下降"的发展阶段。在这一过程中，政府通过加大扶持力度，建立有效的生产模式，开展肉牛品种选育，存栏数量逐渐保持稳定，生产效率逐步提高，肉牛品质大幅改善，市场竞争力显著增强。我国肉牛养殖南北不同，农区牧区差异很大，国外一些主要的肉牛生产模式都有值得借鉴的地方，肉牛生产方式也将逐步由分散役用向专业化肉用生产过渡。当前和今后一个时期的发展趋势是：适当减少饲养数量、大幅增加胴体重、提高品质和养殖效益、稳定牛肉产量。主要任务是要加快培育适应不同生产模式的肉牛品种，逐步推动能繁母牛养殖由农区向丘陵山区、农牧交错带、牧区等低成本区域转移，巩固粮食主产区肉牛育肥的优势，推动养殖模式由分散养殖向适度规模化、标准化、产业化转变。

《全国草食畜牧业发展规划（2016—2020年）》为肉牛产业发

指明了方向。对未来几年肉牛产业发展提出以下几项重点任务。

1. 扎实推进良种繁育体系建设

深入实施遗传改良计划，大力支持肉牛国家核心育种场建设；加强种畜禽遗传评估中心基础设施建设；培育一批专门化肉牛新品种，提高育成品种和引进品种的生产性能；加快推进联合育种。

2. 大力发展标准化规模养殖

扩大肉牛标准化规模养殖项目实施范围，支持适度规模养殖场改造升级，推动肉牛由散养向适度规模养殖转变；加快粪便收集环节工艺研究与设备研发，发展差异化生态工程处理模式；推进肉牛标准化屠宰，优化牛肉产品结构，加快推进牛肉分类分级，扩大冷鲜肉和分割肉市场份额；推进"龙头企业＋合作社"或"龙头企业＋家庭农（牧）场"经营模式。

3. 着力夯实饲草料生产基础

加强牧草种质资源的收集与保存，培育适应性强的优良牧草新品种；加强牧草种子繁育基地建设；推进人工饲草料种植；推动天然草原保护建设；推动饲草料资源多样化开发；推广应用青贮、黄贮和微贮等。

4. 全面强化质量安全监管和疫病防控

加强质量安全全过程控制；加快推进肉牛种畜场主要垂直传播疫病监测净化；严格落实强制扑杀与无害化处理措施，按照市场行情合理实时评估和调整补助标准。

5. 加快促进新型业态健康发展

引导扶持新型经营主体，加快草食畜牧业生产经营服务端新型业态发展；结合美丽乡村建设、扶贫开发等项目，培育一批草食畜牧业发展新型业态；推动"互联网＋"与草食畜牧业生产经营主体深度融合，实现草食畜产品"从牧场到餐桌"全过程可追溯。

第二节
国内外肉牛优良品种

一、我国地方肉牛优良品种

我国的五大良种黄牛品种分别为晋南牛、鲁西牛、秦川牛、延边牛和南阳牛。

1. 晋南牛

产于山西省西南部汾河下游的晋南盆地，包括运城市的万荣、河津、临猗、永济、芮城以及临汾市的侯马、曲沃、襄汾等县（市），以万荣、河津、临猗三县的数量居多，质量较好。晋南牛体躯高大结实，具有役用牛体形外貌特征。公牛头短额宽，眼大有神，粉红鼻镜，顺风角，颈粗而短，垂皮发达，背腰平直，长宽中等，尻部长度适中，两腰角突出而宽，臀端较窄；前肢端正，后肢弯度大，后档宽，两后肢靠得较近，蹄大而圆，蹄壁多呈粉红色、致密。母牛头部清秀，乳房发育较差，乳头较细小，角多呈扁形，向上方弯曲，角色蜡黄，角尖呈枣红色。毛色以红色为多，其次是黄色及褐色，被毛富有光泽。晋南牛毛色多为枣红色。群众总结晋南牛基本特征：狮子头，老虎嘴，兔子眼，顺风角，木碗蹄，前肢如立柱，后肢如弯弓（图1-2、图1-3）。

图1-2　晋南牛公牛

图1-3　晋南牛母牛

2.鲁西牛

产于山东省西部，中心产区为济宁、菏泽两市。该牛以优质育肥性能著称，是我国五大良种黄牛中的著名役肉兼用品种，亦称"山东牛"。

鲁西牛原产于山东西南地区。鲁西牛体躯结构匀称，细致紧凑，具有较好的役肉兼用体形。公牛多平角或龙门角；母牛角形多样，以龙门角较多。垂皮较发达。公牛肩峰高而宽厚。胸深而宽，而后躯发育较差，尻部肌肉不够丰满，体躯呈明显前高后低的前胜体形。

母牛鬐甲较低平，后躯发育较好，背腰较短而平直，尻部稍倾斜，关节干燥，筋腱明显，前肢多呈正肢势，或少有外向，后肢弯曲度小，飞节间距小，蹄质致密但硬度较差，不适于山地使役。尾细而长，尾毛有弯曲，常扭生一起呈纺锤状。被毛从浅黄色到棕红色都有，而以黄色最多（占70%以上），一般前躯毛色较后躯为深，公牛较母牛深。

多数牛有完全或不完全的"三粉"特征（指眼圈、口轮、腹下与四肢内侧色淡），鼻镜与皮肤多为淡肉红色，部分牛鼻镜有黑点或黑斑。角呈蜡黄色或琥珀色。多数牛尾帚毛色与体毛一致，少数牛在尾帚长毛中混生白毛或黑毛。不同类型鲁西牛的外貌主要特点为：高辕牛个体高大，体躯较短，四肢长，侧视呈近正方形，角形多为龙门角和倒"八"字形角，毛色较浅，黄色较多，"三粉"特征明显，行走步幅大，速度快，适于挽车运输，但持久力略差；抓地虎个体较矮，体躯粗而长，四肢粗短，胸广深，肌肉丰满，侧视呈长方形，公牛角形多为平角或倒"八"字形角，母牛角形多样，行速慢但挽力大，持久力好，宜于农田耕作，屠宰率高；中间型牛体态与外貌介于高辕牛和抓地虎之间（图1-4、图1-5）。

3.秦川牛

秦川牛是中国体格高大的役肉兼用牛种之一。秦川牛产于陕西省关中地区，因"八百里秦川"而得名，以渭南、临潼、蒲城、富

图1-4　鲁西牛公牛　　　　　　　图1-5　鲁西牛母牛

平、大荔、咸阳、兴平、乾县、礼泉、泾阳、三原、高陵、武功、扶风、岐山等15个县（市）为主产区，还分布于渭北高原地区。由于当地耕作精细，农活繁重，车辆挽具笨重，牛都比较大。选种遵循农家谚"一长""二方""三宽""四紧""五短"的要求，在毛色上非紫红色不作种用，这些对现代秦川牛的形成起到了重要作用。

　　秦川牛毛色以紫红色和红色居多，约占总数的80%，黄色较少。头部方正，鼻镜呈肉红色，角短、呈肉色，多为向外或向后稍弯曲；体形大，各部位发育均衡，骨骼粗壮，肌肉丰满，体质强健；肩长而斜，前躯发育良好，胸部深宽，肋长而开张，背腰平直宽广，长短适中，荐骨部稍隆起，一般多是斜尻，四肢粗壮结实，前肢间距较宽，后肢飞节靠近，蹄呈圆形，蹄叉紧、蹄质硬，绝大部分为红色。

　　在生产性能上，经育肥的18月龄牛的平均屠宰率为58.3%，净肉率为50.5%，肉细嫩多汁，大理石花纹明显（图1-6、图1-7）。

图1-6　秦川牛公牛　　　　　　　图1-7　秦川牛母牛

4.延边牛

延边牛是东北地区优良地方牛种之一。延边牛产于东北三省东部的狭长地区，分布于吉林省延边朝鲜族自治州的延吉、和龙、汪清、珲春及毗邻各县；黑龙江省的宁安、海林、东宁、林口、汤原、桦南、桦川、依兰、勃利、五常、尚志、延寿、通河；辽宁省的宽甸县及沿鸭绿江一带。延边牛是朝鲜牛与本地牛长期杂交的结果，也混有蒙古牛的血缘。延边牛体质结实，抗寒性能良好，适宜于林间放牧，冬季没有暖棚，是北方水稻田的重要耕畜，是寒温带的优良品种。

在体形外貌上，延边牛属役肉兼用品种。胸部深宽，骨骼坚长而密，皮厚而有弹性。公牛额宽，头方正，角基粗大，多向后，被毛呈"一"字形或倒"八"字形，颈厚而隆起，肌肉发达伸展，角细而长，多为龙门角。毛色多呈浓淡相间的黄色，其中浓黄色占16.3%，黄色占74.8%，淡黄色占6.7%，其他占2.2%。鼻镜一般呈淡褐色，带有黑点。

在生产性能上，延边牛自18月龄育肥6个月，日增重813克，胴体重265.8千克，屠宰率57.7%，净肉率47.23%，眼肌面积75.8平方厘米（图1-8、图1-9）。

图1-8　延边牛公牛

图1-9　延边牛母牛

5.南阳牛

南阳牛是中国地方良种，在中国黄牛中体格最高大。南阳牛产于河南省南阳市白河和唐河流域的平原地区，以南阳、唐河、邓州、新野、镇平、社旗、方城等县（市）为主产区。许昌、周口、驻马店等地区分布也较多。南阳地区所处地理位置较偏僻，土质坚硬，需要体大力强的牛进行耕作和运输，素有选留大牛的习惯。群众以舍饲为主，喂养精心，育成了大型牛只。

在体形外貌上，南阳牛属较大型役肉兼用品种。体形高大，肌肉较发达，结构紧凑，体质结实，皮薄毛细，鼻镜宽，口大方正。角形以萝卜角为主，公牛角基粗壮，母牛角细。鬐甲隆起，肩部宽厚。背腰平直，肋弓明显，荐尾略高，尾细长。四肢端正较高，筋腱明显，蹄大坚实。公牛头部雄壮，额微凹，脸细长，颈短厚稍呈弓形，颈部褶皱多，前躯发达。母牛后躯发育良好。毛色有黄、红、白3种，面部、腹下和四肢下部毛色浅。鼻镜多为肉红色，部分南阳牛是中国黄牛体形中最高的。

在生产性能上，经强度育肥的肉牛体重达510千克时宰杀，屠宰率达64.5%，净肉率达56.8%，眼肌面积95.3平方厘米。肉质细嫩，颜色鲜红，大理石花纹明显。南阳牛体格高，步伐快，挽车速度每秒1.1～1.4米，载重1000～1500千克时，能日行30～40千米，是著名的"快牛"。

南阳牛较早熟，有的牛不到1岁即能受胎。母牛常年发情，在中等饲养水平下，初情期在8～12月龄。初配年龄一般掌握在2岁。发情周期17～25天，平均21天；发情持续期1～3天。妊娠期250～308天，平均289.8天，怀公犊比怀母犊的妊娠期长4.4天。产后初次发情约需77天（图1-10、图1-11）。

图1-10　南阳牛公牛

图1-11　南阳牛母牛

二、国外优良品种

1.奶牛品种

（1）荷斯坦奶牛　荷斯坦奶牛是世界奶业生产的主导品种。原产于荷兰北部的西弗里斯和德国的荷斯坦省。20世纪20年代开始少量引入我国，建国初期又小批量引入，改革开放以后，特别是2000年以来从澳大利亚、新西兰等国大批量引入荷斯坦奶牛。山西省永济超人奶业有限公司、临汾富华奶牛养殖有限公司、太原四海奶牛养殖有限公司、山西九牛农牧发展有限公司、大同良种奶牛养殖有限公司、四方高科农牧发展有限公司等均不同数量地从澳大利亚、新西兰引进了黑白花荷斯坦奶牛，总引入量约在万头，有力地支撑了山西省奶牛产业的发展。

荷斯坦奶牛被毛以黑白花为主，因而又称黑白花奶牛（图1-12）。而在长期的选育过程中，又培育出了红白花荷斯坦奶牛（图1-13）。红白花荷斯坦奶牛与黑白花荷斯坦奶牛除被毛颜色外，其体形特征、生产性能基本一致。

图1-12　荷斯坦奶牛母牛（黑白花）

图1-13　荷斯坦奶牛母牛（红白花）

荷斯坦奶牛属大型乳用品种牛。体格高大，结构匀称，后躯发达，侧视、俯视、前视均呈三角形或楔形，骨骼细致而结实，棱角外露，肌肉欠丰满。乳房庞大、乳腺发育良好，乳静脉粗而多弯曲，乳井深大。额部多有白星，白花片多分布于躯体下部，花片分明。成年公牛体重900～1200千克，成年母牛650～750千克。体尺、体重情况列于表1-2。

表1-2 成年荷斯坦奶牛体尺、体重表

项目	体高/厘米	体长/厘米	胸围/厘米	管围/厘米	体重/千克
成年公牛	145	190	226	23	900~1200
成年母牛	135	170	195	19	650~750

乳用荷斯坦牛是世界上产奶量最高的奶牛品种，其泌乳性能位居各乳用牛品种之首。它以极高的产奶量、理想的形态、饲料利用率高、适应环境能力强等著称。通常管理条件下，一般母牛年产奶量7000～8000千克，乳脂率3.6%～3.7%。荷斯坦奶牛的缺点是乳脂率低，不耐热，高温时产奶量明显下降。

（2）娟姗牛 娟姗牛属小型乳用品种牛，原产于英吉利海峡南端的娟姗岛，耐热，体形小、清秀，轮廓清晰。头小而轻，胸深宽，腹围大，四肢较细，乳房发育匀称，乳静脉粗大而弯曲，后躯较前躯发达，体形呈楔形。毛色以浅褐色为主。娟姗牛被公认为是产奶效率和乳脂产量最高的奶牛品种，乳汁浓厚，单位体重产奶量高，乳脂肪球大，易于分离，乳脂黄色，风味好。娟姗牛成年公牛体重650～750千克，母牛360～450千克，成年母牛体高120～122厘米。产奶量为3000～4000千克，乳脂率为5.0%～7.0%，乳蛋白率为3.7%～4.4%。

建国初期我国少量引入娟姗牛，而规模引进是在20世纪90年代，饲养于我国南方各省区。近几年，山西省四方高科农牧有限公司一次从新西兰引进娟姗牛496头，适应性和生产性能表现良好（图1-14）。

图1-14 娟姗牛

2.兼用牛品种

（1）西门塔尔牛 西门塔尔牛原产于瑞士阿尔

卑斯山区以及德国、法国、奥地利等地河谷地带，是世界上分布最广、饲养量最多的乳肉兼用牛（图1-15）。

图1-15　饲养于阿尔卑斯山区的西门塔尔牛

西门塔尔牛体形高大，骨骼粗壮，头大额宽，公牛角左右平伸，母牛角多向前上方弯曲。颈短、胸部宽深，背腰长且平直，肋骨开张，尻宽平，四肢结实，乳房发育良好，被毛黄白花或红白花，头、胸、腹下、四肢下部及尾尖多为白色（图1-16）。成年牛体尺、体重情况列于表1-3。

图1-16　西门塔尔牛公牛

表1-3　成年西门塔尔牛体尺、体重表

项目	体高/厘米	体斜长/厘米	胸围/厘米	管围/厘米	体重/千克
成年公牛	147.3	185.2	225.5	24.4	1100～1300
成年母牛	136.9	164.2	195.5	19.5	670～800

西门塔尔牛产乳、产肉性能均良好。成年母牛平均泌乳期285天，平均产奶量4500千克，乳脂率4.0%～4.2%。我国新疆呼图壁种牛场饲养的西门塔尔牛平均产奶量达到6000千克以上，36头高产牛泌乳期产奶量超过8000千克，最高个体（第2胎）产奶量达到11740千克，乳脂率4.0%。

西门塔尔牛肌肉发达，肉用性能良好，12月龄体重可达454千克，平均日增重1596克。胴体瘦肉多，脂肪少且分布均匀，呈大理石花纹状，眼肌面积大，肉质细嫩。公牛育肥后，屠宰率可达65%，半舍饲状态下，公牛日增重1000克以上。

国内西门塔尔牛纯种牛主要饲养于四川洪雅、内蒙古通辽、新

图1-17　弗莱维赫牛公牛

图1-18　弗莱维赫牛母牛

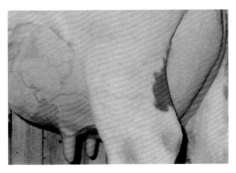

图1-19　弗莱维赫牛良好的乳腺发育

疆呼图壁等地，用于纯种繁育和改良当地牛群。我省太行山区、吕梁山区为西门塔尔牛改良区域，改良效果良好。

（2）弗莱维赫牛　弗莱维赫牛即德系西门塔尔牛，由德国宝牛育种中心（BVN）在西门塔尔牛的基础上，经过100多年的定向培育而形成的乳肉兼用牛品种。主要分布于德国巴伐利亚州等地区。近期引入我国，用于改良我国黄牛以及西门塔尔的杂种牛群。

弗莱维赫牛具备标准的兼用牛体形，被毛黄白花，花片分明。头部、下肢、腹部多为白色。体格健壮，肢蹄结实，背腰平直，全身肌肉丰满，呈矩形（图1-17、图1-18）。成年母牛十字部高140～150厘米，胸围210～240厘米，体重一般不低于750千克。尻宽且微倾斜，乳房附着紧凑，前伸后展，大小适度，乳静脉曲张明显，乳房距地面较高，乳房深度保持在飞节以上（图1-19）。健康的肢蹄成为其突出的特点。

弗莱维赫牛产奶量7000千克，乳脂率4.2%，乳蛋白率3.7%，

高效养牛全彩图解＋视频示范

根据管理和自然条件以及饲喂强度的不同，高产牛群产奶量可超过10000千克。产奶量随胎次的增加而增长，第五胎达到产奶高峰。弗莱维赫牛的最大特点是在保持乳房健康的同时，泌乳峰值很高，而且各个泌乳期平均体细胞数不高于180000个/毫升。

弗莱维赫牛公犊牛增重迅速，在强度育肥条件下，16～18月龄出栏体重达到700～800千克，平均日增重超过1300克/天，85%～90%的胴体在欧洲的市场等级为E级和U级。屠宰母牛的胴体重为350～450千克，肉质等级为欧洲市场的U级或R级，即具有中等肌间脂肪含量和大理石纹。

（3）蒙贝利亚牛 蒙贝利亚牛即法系西门塔尔牛，由法国蒙贝利亚牛育种中心育成，是西门塔尔牛中产奶量最高的。1888年正式命名为"蒙贝利亚牛"，是法国的主要乳用牛品种之一。

蒙贝利亚牛具有极强的适应性和抗病能力，耐粗饲，适宜于山区、草原放牧饲养，具有良好的泌乳性能，较高的乳脂率和乳蛋白率，以及突出的肉用性能。目前已遍布世界40多个国家，引入我国主要饲养于内蒙古、新疆、四川等地。

图1-20 蒙贝利亚牛公牛

蒙贝利亚牛被毛多为黄白花或淡红白花，头、腹、四肢及尾帚为白色，皮肤、鼻镜、眼睑为粉红色（图1-20、图1-21）。标准的兼用型体形，乳房发达，乳静脉明显。成年公牛体重1100～1200千克，

图1-21 蒙贝利亚牛母牛

母牛700～800千克，第一胎泌乳牛平均体高142厘米，胸宽44厘米，胸深72厘米，尻宽51厘米。

蒙贝利亚牛产奶量高，乳质优良。在原产地法国，2006年全国平均产奶量7752千克，乳脂率3.93%，乳蛋白率3.45%。蒙贝利亚牛产肉性能良好，饲料报酬高，生长发育速度快，肉用性能良好，公犊牛育肥，当年可达到450千克以上。公牛育肥到18～20月龄，体重600～700千克，日增重平均为1350克/天，胴体重达370～395千克，屠宰率55%～60%。蒙贝利亚牛耐粗饲，抗病力强，利用年限长，可利用10胎以上（图1-22～图1-24）。

图1-22　蒙贝利亚牛发达的乳腺

图1-23　蒙贝利亚牛公犊牛育肥饲养

图1-24　蒙贝利亚牛泌乳牛群放牧

（4）瑞士褐牛　瑞士褐牛属乳肉兼用品种，原产于瑞士阿尔卑斯山区，由当地的短角牛在良好的饲养管理条件下，经过长时间选种选配而育成。

瑞士褐牛被毛为褐色，由浅褐色、灰褐色至深褐色，在鼻镜四周有一浅色或白色带，鼻、舌、角尖、尾帚及蹄为黑色。头宽短，额稍凹陷，颈短粗，垂皮不发达，胸深，背线平直，尻宽而平，四肢粗壮结实，乳房匀称，发育良好。成年公牛体重为1000千克，母牛500～550千克。

　　瑞士褐牛年产奶量为3500～4500千克，乳脂率为3.2%～3.9%；18月龄活重可达485千克，屠宰率为50%～60%。瑞士褐牛成熟较晚，一般2岁才配种。耐粗饲，适应性强，美国、加拿大、俄罗斯、德国、波兰、奥地利等国均有饲养，全世界约有600万头。瑞士褐牛对新疆褐牛的育成起过重要作用（图1-25、图1-26）。

图1-25　瑞士褐牛母牛　　　　　　图1-26　瑞士褐牛公牛

3.肉牛品种

　　（1）夏洛莱牛　夏洛莱牛是大型肉牛品种，原产于法国的夏洛莱省和涅夫勒地区，具有夏洛莱牛生长速度快、瘦肉产量高的特点。被毛由白色到乳白色，体躯高大，颈短粗，胸宽深，肋骨方圆，全身肌肉发达，背宽肉厚，体躯呈圆筒状，肌肉丰满，后臀肌肉发达，并向后和侧面突出，骨骼结实，四肢强壮（图1-27、图1-28）。

图1-27　夏洛莱母牛　　　　　　　图1-28　夏洛莱公牛

建国初期夏洛莱牛开始陆续引进我国，用于黄牛改良，效果良好。

（2）利木赞牛 利木赞牛为大型肉用牛品种，原产于法国的利木赞高原，毛色多为红色或黄色，口、鼻、眼等自然孔周围、四肢内侧及尾帚毛色较浅，角细、白色，蹄为红褐色。利木赞牛产肉性能强，眼肌面积大，前后肢肌肉丰满，出肉率高，肉品质好，细嫩味美，脂肪少，瘦肉多（图1-29、图1-30）。

利木赞牛同其他大型肉牛品种相比，利木赞牛的竞争优势在于犊牛初生体格较小、出生后的快速生长能力以及良好的体躯长度和令人满意的出肉率。利木赞牛适应性强，体质结实，明显早熟，补偿生长能力强，难产率低，很适宜生产小牛肉。因而在欧美不少国家的肉牛业中受到关注，并广泛用于经济杂交来生产小牛肉。

利木赞牛被毛颜色近似于我国黄牛，多用于地方良种黄牛的改良和育种工作中。

（3）海福特牛 海福特牛为中小型早熟肉牛品种，原产于英国的海福特县。海福特牛除头、颈垂、腹下、四肢下部和尾端被毛

图1-29　利木赞牛公牛

图1-30　利木赞牛母牛

图1-31　海福特牛公牛

为白色外，其他部分被毛均为红棕色。皮肤为橙红色。海福特牛体躯宽大，前胸发达，全身肌肉丰满，头短，额宽，颈短粗，颈垂及前后躯发达，背腰平直而宽，肋骨开张，四肢端正而短，躯干呈圆筒形，具有典型的肉用牛的长方体形（图1-31、图1-32）。

图1-32　海福特牛母牛

（4）安格斯牛　安格斯牛属中小型早熟肉牛品种，原产于英国的阿伯丁和安格斯等地，外貌特征是黑色无角，体躯矮而结实，肉质好，出肉率高。也有纯红色的安格斯牛。安格斯牛具有良好的肉用性能，肌肉大理石花纹很好，被认为是世界上专门化肉牛品种中的典型品种之一（图1-33、图1-34）。

图1-33　安格斯牛公牛

（5）皮埃蒙特牛　皮埃蒙特牛原产于意大利北部，属中型肉牛，是瘤牛的变种。颈短粗，上部呈方形，腹部上收，体躯较长呈圆筒形，全身肌肉丰满，臀部肌肉突出，双臀。成年后基部1/3呈浅黄色。鼻镜、唇、尾尖、蹄等处

图1-34　安格斯牛母牛

呈黑色（图1-35、图1-36）。早期增重快，皮下脂肪少，屠宰率和瘦肉率高，饲料报酬高，肉嫩、色红，皮张弹性度极高。皮埃蒙特牛不仅肉用性能好，且抗体外寄生虫，耐体内寄生虫，耐热，皮张质量好。

图1-35　皮埃蒙特牛公牛　　　　图1-36　皮埃蒙特牛双脊犊牛

（6）德国黄牛　产于德国拜恩州的维尔次堡、纽伦堡、班贝格等地及奥地利毗邻地区，体形似西门塔尔牛。毛色呈浅红色，体躯长，体格大，胸深，背直，四肢短而有力，肌肉强健。母牛乳房大，附着结实（图1-37）。

（7）日本和牛　日本和牛是日本分布最广、数量最多的肉牛品种。日本和牛属于中型偏大的肉牛品种。被毛以黑色为主，日本和牛前躯和中躯发育良好，后躯发育差，四肢强健，蹄质坚实，皮薄而富有弹性，被毛柔软。和牛生长发育速度快，肉品质好，日本和牛肉在日本的市场价最高（图1-38）。

图1-37　德国黄牛公牛　　　　图1-38　日本和牛公牛

第三节
肉牛良种本地化应用

一、中国西门塔尔牛

中国西门塔尔牛是在20世纪50年代引进欧洲西门塔尔牛的基础上，在我国饲养管理条件下，吸收了欧美多个地域的西门塔尔牛种质资源，采用开放核心群育种（ONBS）技术路线，在太行山两麓半农半牧区、皖北、豫东、苏北农区以及松辽平原、科尔沁草原等地建立了平原、山区和草原3个类群，经多年选育而形成乳肉兼用的中国西门塔尔牛（图1-39）。

中国西门塔尔牛毛色为红（黄）白花，花片分布整齐，头部呈白色或带眼圈，尾帚、四肢、肚腹为白色。角、蹄呈蜡黄色，鼻镜呈肉色。体躯宽深高大，结构匀称，体质结实、肌肉发达、被毛光亮。乳房发育良好，结构均匀紧凑（图1-40）。

图1-39 中国西门塔尔牛太行类型牛

成年公牛体重850～1000千克，体高145厘米；母牛平均体重600千克，体高130厘米。平均泌乳天数为285天，泌乳期产奶量平均为4300千克，乳脂率4.0%～4.2%，乳蛋白率3.5%～3.9%。中国西

图1-40 中国西门塔尔牛平原类型牛

门塔尔牛性能特征明显，遗传稳定，具有较好的适应性，耐寒、耐粗饲，分布范围广，在我国多种生态条件下，都能表现出良好的生产性能（图1-41）。

图1-41　中国西门塔尔牛

二、中国荷斯坦奶牛

中国荷斯坦奶牛是利用引进国外各种类型的荷斯坦奶牛与我国的黄牛杂交，并经过长期选育而形成的品种，也是我国自行繁育的唯一的奶牛品种。全身清秀，棱角突出，体格大而肉不多，活泼。后躯较前躯发达，中躯相对发达，皮下脂肪不发达，全身轮廓明显。头和颈相对较小，颈细长，胸部深长，肋扁平，肋间宽，背腰强健平直。腹围大而不下垂。皮薄，有弹性，被毛细而有光泽。产奶量高，但乳脂率较低，不耐粗饲，良好的饲料条件和饲养管理下，平均305天产奶量可达6500～7500千克，乳脂率3.5%左右（图1-42、图1-43）。

图1-42　中国荷斯坦奶牛

图1-43　荷斯坦奶牛

三、夏南牛

夏南牛是以法国夏洛莱牛为父本，以南阳牛为母本，采用杂交创新、横交固定和自群繁育三个阶段以及开放式育种方法培育而成的肉用牛新品种。夏南牛含夏洛莱牛血37.5%，含南阳牛血62.5%。

高效养牛全彩图解＋视频示范

育成于河南省泌阳县，是中国第一个具有自主知识产权的肉用牛品种。

图1-44 夏南牛公牛

夏南牛体质健壮，抗逆性强，性情温驯，行动较慢；耐粗饲，食量大，采食速度快，耐寒冷，耐热性能稍差。色纯正，以浅黄色、米黄色居多。公牛头方正，额平直，成年公牛额部有卷毛（图1-44），母牛头清秀，额平稍长；公牛角呈锥状，水平向两侧延伸，母牛角细圆，致密光滑，多向前倾；耳中等大小；鼻镜为肉色。颈粗壮，平直。成年牛结构匀称，体躯呈长方形，胸深而宽，肋圆，背腰平直，肌肉比较丰满，尻部长、宽、平、直。四肢粗壮，蹄质坚实，蹄壳多为肉色。尾细长。母牛乳房发育较好。

四、草原红牛

草原红牛是以乳肉兼用的短角公牛与蒙古母牛长期杂交育成，具有适应性强、耐粗饲的特点。主要产于吉林白城地区、内蒙古赤峰、锡林郭勒盟及河北张家口地区。1985年经国家验收，正式命名为中国草原红牛。目前草原红牛总头数达14万头。夏季完全依靠草原放牧饲养，冬季不补饲，仅依靠采食枯草维持生活。对严寒酷热气候的耐力很强，抗病力强，发病率低，当地以放牧为主（图1-45）。其肉质鲜美细嫩，为烹制佳肴的上乘原料。皮可制革，毛可织毯。

草原红牛被毛为紫红色或红色，部分牛的腹下或乳房有小片白斑。体格中等，头较轻，大多数有角，角多伸向前外方，呈倒"八"字形，略向内弯曲。颈肩结合良好，胸宽深，背腰平直，四肢端正，蹄质结实。乳房发育较好（图1-46）。

图1-45　草原红牛放牧

图1-46　草原红牛母牛

第二章
肉牛场标准化建设

第一节
肉牛场建设环境要求

一、环境对肉牛生产的影响

外界环境常指大气环境，其中包括温度、湿度、气流、光照以及大气卫生状况等因素。局部小环境，包括局部的温度、湿度、气流、光照、地势、灰尘、有害气体、噪声等因素，均可直接地对牛体产生明显的作用。

1.温度

牛可通过自身的体温调节来保持最适的体温范围以适应外界环境。体温调节是指牛借助产热和散热过程以维持热平衡。一般来讲，肉牛生存环境温度适宜，增重速度最快。温度过高，牛只的代谢率提高，呼吸加快，心率增加，食欲减弱，导致增重缓慢；温度过低，饲料转化效率降低，同时用于维持肉牛基本生命活动需要的能量增加，同样影响牛体健康及其生产力的发挥。研究表明，在气温10℃左右，肉牛的饲料利用率最高，日粮总消化养分、能量用于增重的利用率约为30%，而在30℃的高温环境中，日粮转化率可下降到15%。因此，夏季要做好防暑降温工作，如有需要，可在牛舍安装电扇或喷淋设备，运动场栽树或搭凉棚，以使高温对肉牛育肥所造成的影响降到最低；冬季要注意防寒保暖，提供适宜的环境温度。不同生理阶段肉牛对环境温度的要求见表2-1。

表2-1　肉牛不同生理阶段适宜温度及生产环境温度

生理阶段	适宜温度范围/℃	生产环境温度/℃	
		低温	高温
犊牛	12～25	≥5	≤32
育肥牛	4～20	≥-10	≤32
育肥阉牛	10～20	≥-10	≤30

2.湿度

肉牛适宜的空气湿度为55%～80%。一般来说，当气温适宜时，湿度对肉牛育肥效果影响不大。湿度升高将加剧高温或者低温对牛只生产性能的不良影响。空气中湿度主要是通过水分蒸发影响牛体热的散发来影响牛的机能。一般情况是湿度越大，体温调节范围越小。高温高湿会导致牛的体表水分蒸发受阻，体热散发受阻，体温很快上升，机体机能失调，呼吸困难，最后致死。低温高湿会增加牛体热散发，使体温下降，生长发育受阻，饲料报酬下降，增加生产成本。另外，高湿环境还为各类病原微生物及各种寄生虫的繁殖和发育提供了良好条件，使肉牛患病率上升。

3.气流

气流通过对流作用，可使牛只通过皮肤散发热量。牛体周围的冷热空气不断对流，带走牛体所散发的热量，起到降温作用。炎热季节，通过加强通风换气，有助于防暑降温，并排出牛舍中的有害气体，改善牛舍环境卫生状况，有利于提高肉牛增重效果和饲料转化率。寒冷季节若受大风侵袭，会加重低温效应，减弱肉牛的抗病力，尤其对于犊牛，易患呼吸道、消化道疾病（如肺炎、肠炎等），因而对牛的生长发育有不利影响。

4.光照

冬季牛体受日光照射有利于防寒，对牛健康有好处；夏季高温下受日光照射会使牛体体温升高，导致热射病（中暑）。因此，夏季应采取遮阳措施，加强防暑。阳光中的紫外线在太阳辐射中占1%～2%，无热效应，但具强大的生物学效应，如紫外线照射可使牛体皮肤中的7-脱氢胆固醇转化为维生素D_3，促进牛体对钙的吸收，紫外线还具有强力杀菌作用，具有消毒效应；紫外线还使畜体血液中的红细胞、白细胞数量增加，提高机体的抗病能力；但紫外线的过强照射也有害于牛的健康，会导致日射病。光照对肉牛繁殖有显著作用，并对肉牛生长发育也有一定影响。在舍饲和集约化生产条件下，采用16小时光照、8小时黑暗制度，育肥肉牛采食量增加，日增重得到明显改善。图2-1为肉牛舍采光示意图。

扫一扫
观看"牛舍采光"
视频

图2-1　肉牛舍采光

5.地势

牛场地势过低，地下水位太高，容易导致环境潮湿，造成蚊蝇数量多；地势过高时，又容易招致寒风侵袭，同样不利于牛的健康，同时对交通运输带来极大的不便。因此，牛舍宜选择地势高燥，背风向阳，四周开阔，土质坚实（以沙壤土为宜），地下水位2米以上，具有缓坡的北高南低，环境无污染的地方。

6.灰尘

新鲜的空气是促进肉牛新陈代谢的必要条件，并可维持机体健康，减少疾病的传播。空气中飘浮的灰尘和水滴是微生物附着和生存的地方。因此，为防止疾病的传播，牛舍一定要避免粉尘飞扬，保持圈舍通风换气良好，尽量减少空气中的灰尘。

7.有害气体

牛的呼吸、排泄物的腐败分解，使空气中的氨气、硫化氢、二氧化碳等增多。封闭式牛舍，如设计不当或使用管理不善，有害气体会大量增多，影响肉牛生产力。所以应加强牛舍的通风换气，保证牛舍空气新鲜。使牛舍中二氧化碳含量≤0.25%，硫化氢≤0.001%，氨气≤0.0026毫克/升。

8.噪声

噪声对牛的生长发育和繁殖性能产生不利影响。肉牛在较强噪声环境中生长发育缓慢，繁殖性能不良。一般要求牛舍的噪声水平白天≤90分贝，夜间≤50分贝。

二、环境控制技术

牛舍是肉牛活动（采食、饮水、走动、排粪、睡眠）的场所，也是工作人员进行各种生产活动的地方，牛舍类型及其他许多因素都可直接或间接地影响舍内环境的变化。国外对牛舍环境十分重视，制定了牛舍的建筑气候区域、环境参数和建筑设计规范等，作为国家标准而颁布执行。为了给肉牛创造适宜的环境条件，对牛舍建设应在合理设计的基础上，采用供暖、降温、通风、光照、空气处理等措施，对牛舍环境进行人为控制，通过一定的技术措施与特定的设施相结合来阻断疫病的空气传播和接触传播渠道，并且有效地减弱舍内环境因子对肉牛机体造成的不良影响，以获得最高的生产力水平和最好的经济效益。

1.牛舍的防暑降温

牛的生理特点为耐寒而怕热。在炎热地区，牛舍的防暑、降温工作在近年来已越来越引起人们的重视，通过采取相应的措施可消除或缓和高温对牛只健康和生产力所产生的有害影响，并减少由此造成的经济损失。可采取以下措施对牛舍防暑降温（图2-2）。

（1）牛舍内降温

① 隔热屋顶　就牛舍内而言，在夏季炎热而冬季不冷的地区，可以采用通风的屋顶，其隔热效果很好。通风屋顶是将屋顶做

图2-2　中央通道、散栏饲养棚舍

成两层，层间内的空气可以流动，进风口在夏季正对主风。由于通风屋顶减少了传入舍内的热量，降低了屋顶内表面温度，可以获得很好的隔热防暑效果。墙壁应具有一定厚度，采用开放式或凉棚式牛舍。

② 设置地脚窗、天窗、通风管等　地脚窗可加强对流通风、形成"穿堂风"和"扫地风"，可防暑。为了适应季节和气候的不同，在屋顶通风管中应设翻板调节阀，可调节其开启大小或完全关闭，而地脚窗则应做成保温窗，在寒冷季节时可以把它关闭。此外，必要时还可在屋顶通风管中或山墙上加设风机排风，可使空气流通加快，带走气体和热量。

牛舍通风不但可以改善牛舍的小气候，而且还有排除牛舍中水汽、降低牛舍中的空气湿度、排除牛舍空气中的尘埃、降低微生物和有害气体含量等作用（图2-3）。

③ 遮阳　强烈的太阳辐射是造成牛舍夏季过热的重要原因。采用水平或垂直的遮阳板，或采用简易活动的遮阳设施（如遮阳棚、竹帘或苇帘等）。同时，也可栽种植物进行绿化遮阳。牛

图2-3　规模化棚舍式牛场

舍的遮阳应注意以下几点：牛舍的朝向应以长轴东西向配置；要避免牛舍窗户面积过大；可采用加宽挑檐、挂竹帘、搭凉棚以及植树等遮阳措施来达到遮阳的目的。

④ 其他　特别炎热的地方可考虑采用沐浴降温、喷淋降温和湿帘降温等措施。

（2）运动场降温　运动场的降温措施主要指搭凉棚遮阳。尤其是母牛，大部分时间是在运动场上活动和休息，而对于育肥牛尽量减少其活动时间，促使其增重。搭凉棚可减少30%～50%的太阳辐射热。凉棚一般要求东西走向，东西两端应比棚长各长出3～4米，南北两侧应比棚宽宽出1～1.5米。凉棚的高度约为3.5米，潮湿多雨的地区可低些，干燥地区则要求高一些（图2-4）。

图2-4　肉牛场凉棚

2.牛舍的防寒保暖

北方旱作地区冬季气候寒冷，应通过对牛舍的外围结构合理设计，解决防寒保暖问题。牛舍失热最多的是屋顶、天棚、墙壁和地面。

（1）墙　墙除具有承重、防潮的功能外，主要作用是保温。墙的保温能力主要取决于材料、结构的选择与厚度。墙体需隔热、防潮，寒冷地区选择导热系数较小的材料，目前我国比较常用的是黏土空心砖或混凝土空心砖。这两种空心砖的保温能力比普通土砖高1倍，而重量轻20%～40%。牛舍长轴呈东西方向，北墙不设门，寒冷地带建造牛舍时墙上设双层窗，冬季加塑料薄膜、草帘等防风保温。

（2）屋顶　屋顶保温是牛舍保温的关键。用作屋顶的保温材料有膨胀珍珠岩、玻璃棉、聚氨酯板等。此外，封闭的空气夹层可起到良好的保温作用。天气寒冷地区可降低牛舍净高，采用的高度通常为2～2.5米。

（3）地面　规模化养牛场可采用三层地面，首先将地面自然土层夯实，上面铺混凝土，最上层再铺空心砖，既防潮又保温。寒冷地区做牛床时应铺垫草、厩草、木屑。

（4）其他　寒冷季节可适当加大牛的饲养密度，依靠牛体散发热量相互取暖；在地面上铺木板或垫料等，增大地面热阻，减少肉牛机体失热。

3.粪污收集和排水通风

保持牛舍干燥对于预防肉牛疾病至关重要。牛每天排出大量粪、少量尿，加上一些冲洗污水，因此需要合理设置牛舍集粪、排水系统。

（1）排尿沟　应在牛床后部设排尿沟。排尿沟向出口方向呈1%～1.5%的坡度。

（2）粪便清理　我国牛舍的清粪方式主要包括人工清粪、铲车清粪、水冲清粪、机械刮粪等。人工清粪仍是我国大部分肉牛养殖场的主要清粪方式，这种方式简单灵活，但人工强度大、效率较低，人力成本也高，这种清粪方式亟待被新的方式取代。铲车清粪通常由小型装载机改装而成，推粪部分利用废旧轮胎改造，又称刮粪斗，小巧灵活。但其噪声大，容易惊吓牛只，且只能在牛舍内没有牛只时进行清粪，不适用于拴系牛舍。水冲粪因污水处理系统投资高，容易扩大污染，已经逐渐被淘汰。刮板清粪则是通过电力驱动，链条带动刮粪板在牛舍运转进行自动清粪（图2-5）。但在寒冷

扫一扫
观看"人工清粪"
视频

图2-5　液压刮粪板

图2-6　牛舍屋顶排风帽

地区使用刮板清粪系统，可能需要对门口、墙体附近的局部区域进行供暖。有些地区，采用两套清粪系统，如寒冷时节采用人工清粪或者铲车清粪方式，其他时间采用刮板清粪方式。

（3）通风系统　一般根据牛舍长度在屋顶设置若干通气孔，每个截面为60厘米×60厘米，总面积以牛舍面积的0.15%为宜，排气孔室外部分为百叶窗，高出屋脊50厘米，顶装通风帽，下设活门（图2-6）。进气孔设在南墙屋檐下40～50厘米处的两窗之间，截面为10厘米×40厘米，总面积为排气孔的60%。

（4）排水设施　设置在各种道路的两旁及运动场的周围。一般采用斜坡式排水沟，以尽量减少污物沉积和被人、畜损坏。如果采用方形沟，其最深处不应超过60厘米。分设明沟与暗沟，以实现雨污分流。暗沟排水系统如果长度超过100米，则应增设沉淀井，以免污物淤塞，影响排水。沉淀井不应设在运动场中或交通频繁的干道附近，距离水源至少应有200米以上的距离。寒冷地区暗沟的深度应达冻土层以下，以免因受冻而阻塞。

4.其他

牛场的绿化，可改善场区小气候，净化空气、美化环境，还可起到防疫和防火的作用。设计牛场时绿化也应进行统一的规划和布局。根据牛场建设地的自然条件，因地制宜，如在寒冷干旱地区，应根据主风向和风沙的大小确定牛场防护林的宽度、密度和位置，并选种适应当地条件的耐寒抗旱树种。主要遵循以下原则：一是防护林带，沿牛场围墙栽种，树种可选择钻天杨等，同时可栽种紫穗槐，填补乔木下面的空隙；二是运动场遮阳林带，将树木植于运动场南面，植树2～3行，株间距5米左右，树种选择耐寒的大叶杨等；三是道路遮阳林带，场内各道路旁种植高大的乔木1行，株间距2～3米，乔木下面近道路的地方栽种灌木1行，株间距1米，乔木树种可选择合欢或洋槐，灌木以选择冬青为好；四是隔离林带，指场内生活区、生产区之间的林带，以单行乔木为主林带、单行灌木为副林带的双层隔离屏障，乔木可选择法桐、枫树或合欢，株间距2米，灌木可选择榆叶梅和木槿等，株间距1米；五是防火林带，在草垛、干粗饲料堆放处、青贮窖和仓库周围栽种防火林带，其中，林带可种植乔木3行，株间距2米，树种选择大青杨，种植灌木1行，株间距1米，树种可选择冬青或女贞等。

第二节
肉牛场规划与建设

一、肉牛场选址、规划和布局

1. 肉牛场场址的选择

选择肉牛场场址，要因地制宜，并根据生产需要和经营规模，对地势、地形、土质、水源以及周围环境等进行多方面选择。

（1）地势及地形地貌　肉牛场应选择地势高燥、背风向阳、平坦开阔、有适当坡度、地下水位低的场所。地势高燥平坦，可以使牛场环境保持干燥、温暖，有利于犊牛的生长发育、成年肉牛的生产和人畜的防疫卫生；场地向阳，可获得充足的阳光，有助于维生素D的合成，促进钙、磷代谢，预防佝偻病和软骨病，促进生长发育，且阳光充足时紫外线可杀灭一些病原微生物，有利于肉牛健康。低洼潮湿的场地阴冷潮湿，容易积水而潮湿、泥泞，通风不良，会造成夏季闷热、蚊虫和微生物滋生，影响肉牛的体热调节和肢蹄发育，影响牛只健康。

肉牛场地形应开阔整齐，不应过于狭长或边角太多。场地高低不平，基础工程、土方工作量大，增加施工难度和建设投资；场地形状不整，狭长或边角太多，建筑物难以合理布局，并造成道路管线长度增加，也对场内运输、生产带来不便。狭长的场地会因建筑布局的拉长而显得松散，不利于生产作业；边角太多，会影响牛场地面的合理利用。

如在山区建设肉牛场，应选在坡度平缓的向阳坡地上，应向南或向东南倾斜，有利于阳光照射和通风，但也需避开风口，但地面坡度不宜超过25%。高山区的山顶虽然地势高燥，但风势较大，气候变化剧烈，交通往往较为不便，因此不宜选择为牛场建设场址。

此外，肉牛场场区面积要按照生产规模和发展规划确定，根据生产实际需要建场，同时还需留有一定的发展余地。建场用地要安排好牛舍等主要建筑用地，还要考虑牛场附属建筑及饲料生产、职工生活建筑用地。一般情况下，牛场建筑物占场地总面积的10% ～ 20%。

（2）土质　土质的优劣关系到牛群健康和建筑物的牢固性。牛场土壤应透水、透气性好，吸湿性小，导热性小，保温良好。最合适的是沙壤土，这种土壤透气、透水性好，持水性小，雨后不会泥泞，易保持干燥。如果是黏土，尤其是运动场，会造成积水、泥泞，牛体卫生差，腐蹄病发生率高等，不适合建场；沙土类土壤透气透水性强，吸湿性小，毛细作用弱，易于保持干燥，但其导热性强，热容量小，易增温也易降温，昼夜温差大，不利于肉牛健康，一般可用作肉牛群运动场。黏土类土壤透气、透水性差，吸湿性强，容水量大，毛细作用明显，易于变潮湿、泥泞。

（3）水源　养牛生产用水量大，稳定、充裕、清洁卫生的水源是肉牛场立足的根本，因此在选择场址时要考虑是否有充足良好的水源。应选择水源充足、水源周围环境条件好、没有污染源、水质良好、符合畜禽饮用水标准且取用方便的地方。同时，还要注意水中所含微量元素的成分与含量，特别要避免被工业、微生物、寄生虫等污染的水源。井水、泉水等一般是水质较好的水源。河溪、湖泊和池塘等地面水要经过净化处理，达到国家规定的卫生指标才能使用，以确保人畜安全和健康。选水源还应考虑以下因素。

① 水量充足。既要满足场内人畜饮用和其他生产、生活用水，还要考虑防火需要。在舍饲条件下，耗水定额为每日成年母牛50～75升，育成牛40～50升，育肥牛45～55升，犊牛20～30升。

② 便于防护。要防止周围环境对水源的污染，尤其要远离工业废水污染源。

③ 取用方便。可节约设备投资，但不可取降水，因其易受污染，水量难以保证。

（4）社会环境　选择场址要考虑环境卫生，即不要造成对周围社会环境的污染，肉牛场应位于居民区的下风处，远离畜产品加工厂、制革厂、化工厂、水泥厂、居民区排污点的区域，且与居民区距离保持300米以上，与其他养殖场距离500米以上。场址要考虑交通便利，电力、水源供应充足可靠。同时还要考虑当地饲料与饲草的生产供应情况，以便就近解决饲料与饲草的采购问题。

2. 肉牛场场区规划

对于规模化生产的肉牛场，根据肉牛的饲养管理和生产工艺，科学地划分牛场各功能区，合理地配置厂区各类建筑设施，可以达到节约土地、节省资金、提高劳动效率以及有利于兽医卫生防疫的目的。场区及牛舍内净道与污道严格分开；场区内道路硬化，裸露地面绿化（图2-7、图2-8）。

划分肉牛场各功能区，应按照有利于生产作业、卫生防疫和安全生产的原则，考虑地形、地势以及当地主风向，按需要综合安排，一般可作如下划分。

图2-7　肉牛场建筑物布局效果图

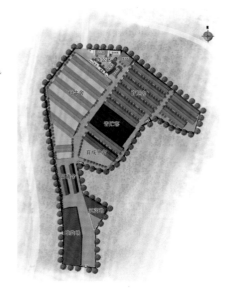

图2-8　肉牛场分区规划图

（1）生活管理区　位于上风向和地势较高处，设立门卫、办公、生活、生产辅助设施，与生产区严格分开，要靠近大门口，以便对外联系和防疫隔离。

（2）生产区　生产作业区是肉牛场的核心区和生产基地，因此，要把它和管理区、生活区隔离开，保持200～300米的防疫间距，以保障兽医防疫和生产安全。生产区内所饲养的不同牛群间，由于其各自的生理差异，饲养管理要求不同，所以对牛舍也要分类安置，以利于管理。规模化肉牛场可将生产区划分如下。

① 犊牛饲养区　犊牛舍要优先安排在生产区上风向、环境条件最好的地段，以利于犊牛健康发育。

② 产房　产房要靠近犊牛舍，以便生产作业。但它是易于传播疾病的场所，要安排在下风向，并隔离。

③ 育成牛、青年牛饲养区　育成牛和青年牛舍要优先安排在育肥牛舍上风向，以便卫生隔离。

④ 饲料饲草加工间及储存库　要设在下风向，也可设在生产区外，自成体系。要注意防火安全。

（3）隔离区　为防止疾病传播与蔓延，该区应位于生产区的下风向、地势较低处，应与生产区距离100米以上，设置隔离牛舍、兽医工作室、病畜处置室，并设立单独通道，便于病牛隔离、消毒和污物处理。应在四周设人工或天然屏障。

（4）无害化处理区　位于生产区的下风向，设有堆粪场、废弃物堆放设施及病死畜处理设备。处理病死牛的深埋井或焚烧炉更应严格隔离，距离牛舍300～500米及以上。

（5）肉牛场作业单元　国外，肉牛场作业单元内一般设有集牛通道、分群栏、滞留栏、推挤栏、牛装卸台、保定架及其他附属设施（图2-9）。肉牛育肥场通过作业单元进行分牛、称牛、牛只保定、药浴、治疗等作业，可大大提高劳动效率。

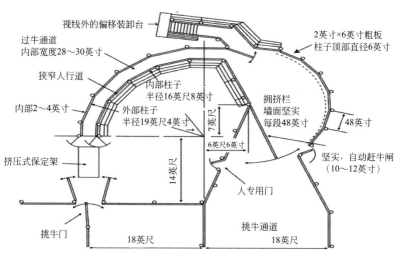

图2-9　分群栏平面图（Mark）

3.主要建筑物布局

牛场内的各种建筑物的总体布局应本着因地制宜和便于科学养牛的原则，统筹安排，合理布局，尽量做到紧凑整齐、美观大方，提高土地利用率和节约基本建设投资，便于防火和卫生防疫。根据场区规划，搞好牛场布局，可改善场区环境，科学组织生产，提高劳动生产率。要按照牛群组成和饲养工艺来确定各作业区的最佳生产联系，科学合理地安排各类建筑物的位置。根据兽医卫生防疫要求和防火安全规定，保持场区建筑物之间的距离。一般规定肉牛场建筑物的防火间距和卫生间距均为30米。凡属功能相同或相近的建筑物，要尽量紧凑安排，以便流水作业。场内道路和各种运输管线要尽可能缩短，以减少投资，节省人力。牛舍要平行整齐排列，成年母牛舍和育肥牛舍要与饲料调制间保持较近距离。为了不影响通风和采光，两建筑物的间距应大于其高度的1.5～2倍。场内各类建筑和作业区之间要规划好道路，饲料道与运粪道不交叉即净道与污道不交叉。路旁和肉牛舍四周搞好绿化，种植灌木、乔木，夏季可防暑遮阴，还可调节小气候。具体建筑物要求如下。

（1）牛舍　牛舍应安排在牛场生产区的中心，便于饲养管理、缩短运输距离。为便于采光和防风，在排列牛舍时应采取长轴平行，坐北向南。当牛舍超过4栋时，可两行并列配置，前后对齐，牛舍与牛舍之间相距50米左右。为有利于降温防暑，可在牛舍运动场周边种植葡萄、南瓜等藤类植物，搭架爬上牛舍房顶，对牛舍和运动场起着遮阴防暑作用，冬季叶片枯萎脱落又不影响采光，同时绿化了牛场环境，也增加了牛场的经济收入。

（2）饲料库与饲料加工间　饲料库要靠近饲料加工间，方便运输，道路设计应可使车辆直接进入饲料库或到达饲料库门口，便于加工时取用。此外，饲料库设计大小需要保证全场牛群3个月饲草和饲料存放。饲料加工间应设在距牛舍30～50米以外，在牛场侧边，靠近公路侧，可在围墙侧设立专用门，以便于饲料原料运入，又可防止噪声影响牛舍的安静环境和扬尘污染，且应具备一定高度，保证TMR等设施的使用。

（3）青贮窖、干草棚或草垛　青贮窖（塔或池）可设在牛舍附近便于运送和取用的地方，但必须防止牛舍和运动场的污水渗入窖内。草棚或草垛应距离牛舍和其他建筑物50米以外，而且应该设在下风向，以便于防火，建设牛舍时应设立消防栓。

（4）堆粪场及兽医室　堆粪场应设在牛舍下风向、地势低洼处。应做防雨、防渗处理。兽医处置室和病牛舍要建筑在距牛舍200米以外偏僻的地方，以避免疾病传播。

（5）职工宿舍、食堂　应设在牛场大门附近或场外，以防止外

高效养牛全彩图解＋视频示范

来人员联系工作时穿越牛场，并避免职工家属随意进入牛场生产区内而引发生物安全隐患。生产区与生活区和管理办公区之间最好设立围墙相隔，设专用门出入，并应配备消毒通道。此外，牛场大门口应设车辆消毒池和人员消毒通道，并应设门卫管理。

4.牛场建设布局平面示意图

假定牛场规划尺寸为长304米、宽169米，东侧现有道路。按照现有道路和地形，生活办公区与辅助生产区设于侧风向，平面图初设见图2-10。

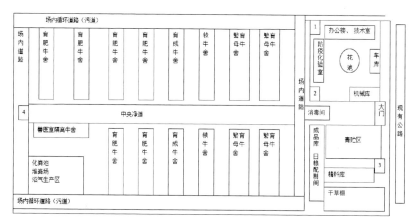

图2-10　牛场建设布局平面示意图

1—机井与配电；2—人工授精室；3—地磅与磅房草料进场门；
4—地磅及装卸牛台（大门包括门卫、车辆消毒池）

二、牛舍标准化建设

牛舍是控制肉牛饲养环境的重要措施，建筑要求经济耐用，有利于生产流程和安全生产，冬暖夏凉。

1.牛舍建造的基本要求

（1）地基　地基是承受整个牛舍建筑的基础土层，要求地基土层必须具备足够的强度和稳定性，下沉度小，防止建筑群下沉过大或下沉不均匀而引起裂缝和倾斜。沙壤土、碎石和岩性土层是良好的基础，黏土、黄土等含水多的土层不能保证牛舍干燥，不宜做地基。

（2）墙　墙体是牛舍的主要外围护结构，它将牛舍与外界隔离，可以起到隔热、保暖作用。通常采用砖墙，墙上安装门、窗，保证通风、采光和人、畜出入及物料运送。南方建造牛舍重点考虑如何防暑，北方重点考虑冬季如何保暖。外墙四周开辟排水沟，使墙脚部位的积水迅速排出。外墙的墙角部位应设置防潮层。

根据牛舍四周外墙封闭程度，可分为封闭式牛舍、开放式牛舍、半开放式牛舍和棚舍4类。封闭式牛舍四周有完整的墙壁；开放式牛舍三面有墙，一面无墙；半开放式牛舍三面有墙，一面只有半截墙；棚舍仅有顶棚无墙壁。我国北方寒冷地区宜采用封闭式牛舍，有助于保暖。南方地区可采用开放式或半开放式牛舍，一方面可节约投资，另一方面夏秋季节降温换气性能好，冬季可在墙的开放部分挂上草帘、篾席等以抵抗寒冷。承重墙修建高度以屋檐高度2.8～3.2米为宜（图2-11）。

图2-11　半开放式牛舍

（3）门　牛舍门主要是保证牛的进出、运送饲料、清除粪便等生产顺利进行，以及发生意外情况时牛只能迅速撤离。一般要求宽2.0～2.2米、高2.2～2.4米。每幢牛舍至少设两扇大门，大门开设的位置应在牛舍两端山墙上，正对舍内中央走道，便于机械化作业。沿墙开门，供牛出入。若牛舍较长，可以在沿墙上开设2～3

道大门，但多设在背风向阳一侧。牛舍门不设门槛和台阶。牛舍内地面高出外部10厘米为宜，可防止雨水进入牛舍。大门宜向外开放或做成推拉门。为预防牛只受伤，门上不能有尖锐突出物。

（4）窗户　窗户是为了保证采光和通风。采光的好坏与窗户的面积和形状有关。牛舍窗户面积的大小应根据当地气候和牛舍跨度而定，窗户面积大，进入舍内的光线多，则采光好。气候寒冷的地区和牛舍宽度小，窗户面积可适当小一点，有利于冬季保温；炎热的地区和牛舍跨度大，窗户面积可大一些，有利于防暑降温，通风换气。窗户的形状有直立式和横卧式两种，直立式窗户比横卧式窗户入射角和透光角大，采光好。透光角愈大，进入舍内光线愈多，要求窗户透光角不小于5°。若窗台位置太低，阳光直射牛只头部，容易直接照射至牛眼睛，不利于牛的健康，因此牛舍窗台不应低于1.2米。南北墙窗户对开，有利于通风（图2-12）。另外，为了采光和换气性好，屋顶需开设天窗。

图2-12　侧开窗牛舍

（5）屋顶　屋顶是牛舍的上部外围结构，防止雨雪、风沙侵袭，隔离太阳的强烈辐射，起保温隔热和防水作用。牛舍常见的屋顶有双坡式屋顶、钟楼式屋顶。

① 双坡式屋顶　双坡式屋顶是牛舍建筑中最基本的形式，适宜于各种牛舍，特别是大跨度牛舍，易于修建，较经济，保温性能好，适宜于饲养各生产阶段的牛群。

② 钟楼式屋顶　在双坡式屋顶上开设双侧或单侧天窗，更便于通风和采光，多用于跨度较大的综合式牛舍。屋顶材质可选择瓦或

夹带保温材料的彩钢板（图2-13）。

图2-13　钟楼式大跨度、开天窗牛舍构建图

（6）顶棚　顶棚是将牛舍地面与屋顶隔离开来的结构，其主要作用在于加强牛舍冬季保暖和夏季隔热。牛舍高度以净高表示，指顶棚到地面的垂直距离。牛舍净高与舍内温度关系密切，寒冷的北方可适当降低牛舍高度，有利于保温；炎热的南方地区可增加牛舍净高，有利于降温换气，缓解高温对牛只的影响。天棚高度以2.8米左右为宜。

（7）地面　地面是牛舍的主体结构，是牛只生活、休息、排泄的地方，又是从事生产活动（如饲喂、清洁等）的场地。地面决定着牛舍的小气候环境状况，以及牛体、畜产品卫生状况和使用价值。

牛舍地面必须满足以下基本要求：坚实耐用，不硬不滑，具有弹性，防潮不漏水，保温隔热，排水方便。坚实性能够抗拒牛舍内各种作业机械的作用；耐用性能够抵抗消毒水、粪尿的腐蚀。牛舍不同的部位采用不同的材料，如牛床采用三合土、木板、石板、橡皮、塑料等，为增强牛床的保温性能和弹性，可在石板、三合土牛床上铺垫草；通道用混凝土、石板，为了防滑，需在石板、三合土、混凝土上划浅沟。

2.牛舍建设主要形式

牛舍主要有拴系式牛舍、围栏式牛舍等数种，具体介绍如下。

（1）拴系式牛舍　拴系式牛舍亦称常规牛舍，每头牛都用链绳或牛颈枷固定拴系于食槽或栏杆上，活动受限；每头牛都有固定的槽位和牛床，互不干扰，便于饲喂和个体观察，适合当前农村的饲养习惯、饲养水平和牛群素质，应用十分普遍。缺点是饲养管理比较麻烦，上下槽、牛系放工作量大，有时也不太安全。当前也有的采取肉牛进厩以后不再出栏，饲喂、休息都在牛床上，一直育肥到出栏体重的饲喂方式，减少了许多操作上的麻烦，管理也比较安全。如能很好地解决牛舍内通风、光照、卫生等问题，是值得推广的一种饲养方式。

拴系式牛舍从环境控制的角度，可分为封闭式牛舍、半开放式牛舍、开放式牛舍和棚舍几种。封闭式牛舍四面都有墙，门窗可以启闭；开放式牛舍三面有墙，一面无墙；半开放式牛舍三面有墙，一面为半截墙；棚舍为四面均无墙，仅有一些柱子支撑梁架。封闭式牛舍有利于冬季保温，适宜北方寒冷地区采用，其他三种牛舍有利于夏季防暑，造价较低，适合南方温暖地区采用。

半开放式牛舍，在冬季寒冷时，可以将敞开部分用塑料薄膜或者遮拦成封闭状态，天气转暖时，可把塑料薄膜收起，从而达到夏季利于通风、冬季能够保暖的目的，使牛舍的小气候得到改善。

按照牛舍跨度大小和牛床排列形式，可以分为单列式和双列式。双列式牛舍又分为对头式和对尾式两种。单列式：只有一排牛床，跨度小，一般5～6米，易于建筑，通风良好，但散热面大。适于小型牛场（50头以下）采用。双列式：有两排牛床，分左右两个单元，跨度10～12米，能满足自然通风要求。在肉牛饲养中，以对头式应用较多，饲喂方便，便于机械作业，缺点是清粪不方便。

拴系式牛舍的基本建筑要求：饲养头数50头以下者，可修建成单列式，50头以上者可修建为双列式。在对头式中，牛舍中央有1条通道，宽6～6.5米，为饲喂通道。两边依次为食槽、清粪道。两侧粪道设有排尿沟，宽30～40厘米，微向暗沟倾斜，倾斜度为1%～5%，以利于排水。暗沟通达舍外污水贮存池。污水贮存池离牛舍约5米，池容积每头成年牛为0.3立方米，犊牛为0.1立方米。牛床应是水泥地面，便于冲洗消毒，地面要抹成粗糙花纹，防止牛滑倒。牛床尺寸为：长150～200厘米，宽100～130厘米。牛床的坡度为1%～1.5%。牛床前设有固定水泥饲槽，槽地为半圆形，最好用水磨石建造，表面光滑，以便清洁，经久耐用。饲槽净宽60～80厘米，前沿高60～80厘米，内沿高30～35厘米。自动饮水器是由水碗、弹簧活门和开关活门的压板组成，可在每头牛的饲槽旁边离地约0.5米处装置。牛饮水时用鼻镜按下板即可饮水，饮毕活门自动关闭。此外，每栋牛舍前面或后面应设有运动场，成年牛每头占用面积为15～20平方米，育成牛10～15平方米，犊牛5～10平方米。运动场栅栏要求结实光滑，以钢管为好，高度为150厘米。有条件可以用电缆做栅栏。运动场地面以三合土或沙质土为宜，并要保持一定坡度，以利于排水。建牛舍时，地基深度要达到80～130厘米，并高出地面，必须灌浆，与墙之间设防潮层。墙体厚24～38厘米，即二四墙或三七墙，灌浆勾缝，距地面100厘米高以下要抹墙裙。层架高度距地面280～330厘米，屋檐和顶棚太高，不利于保温，过低则影响舍内采光和通风。坡屋顶的层架高度取决于肉牛舍的跨度和屋面材料，机制平瓦屋面一般为1/6。通气孔设在屋顶，大小规格单列式为70厘米×70厘米，双列式为90厘米×90厘米。通气孔应高于屋脊50厘米，其上设有活门，可以自由开闭，或者安装排气扇。南窗规格100厘米×120厘米，数量宜多；北窗规格80厘米×100厘米，数量宜少或南北对开。窗台距地面高度为100～120厘米，一般后窗适当高一些。

（2）围栏式牛舍　是育肥牛在牛舍内不拴系，高密度散放饲养，牛自由采食、自由饮水的一种育肥方式。围栏式牛舍多为开放式或棚舍式，并与围栏相结合使用。

① 开放式围栏育肥牛舍　牛舍三面有墙，向阳面敞开，与围栏相接。水槽、食槽设在舍内，刮风、下雨天气，使牛得到保护，也避免饲草、饲料淋雨变质。舍内及围栏内均铺水泥地面。牛舍面积以每头牛2平方米为宜。双坡式牛舍跨度较小，休息场所与活动场所合为一体，牛可自由进出。每头牛占地面积，包括舍内和舍外场

地为4.1～4.7平方米。屋顶防水层用石棉瓦、油毡、瓦等，结构保温层可选用木板、高粱秆。一侧要有活门，宽度可通过小型拖拉机，以利于运进垫草和清出粪尿。厚墙一侧留有小门，主要为了人和牛的进出，保证日常管理工作的进行，门的宽度以通过单个人和牛为宜。这种牛舍结构紧凑，造价低廉，但冬季防寒性能差。

② 棚舍式围栏育肥牛舍　此类牛舍多为双坡式，棚舍四周无围墙，仅有水泥柱子做支撑结构，屋顶结构与常规牛舍相近，只是用料更简单、轻便，采用双列对头式槽位，中间为饲料通道。

三、肉牛场附属设施建设

1. 牛床

牛床地面应结实、防滑、易于冲刷，并向粪沟作1.5%坡度倾斜。牛床以牛舒适为主，母牛可采用垫料、锯末、碎秸秆、橡胶垫层，育肥牛可采用水泥地面或竖砖铺设，也可使用橡胶垫层或木质垫板。头均牛床面积：成年母牛（1.60～1.80）米×（1.10～1.20）米，围产期牛（1.80～2.00）米×（1.20～1.25）米，育肥牛（1.80～1.90）米×1.10米，育成牛（1.50～1.60）米×（1.00～1.10）米，犊牛1.20米×0.90米。

2. 牛栏

采用金属限位牛栏，与牛床同宽，高出中央通道1.2～1.3米。高档育肥舍有自由分栏饲养，每栏可容纳10头育肥牛。牛栏可采用颈枷（图2-14），也可不采用。

图2-14　颈枷

扫一扫
观看"保定架"视频

3.就地饲槽

推荐使用就地饲槽,即不需要专门修建高槽,即无槽设计,即以地面为基础修建饲槽,这样方便放料和清理饲槽,缺点是需要单独安装饮水器。饲槽应坚实、光滑、不漏水,底部为圆弧形,无死角。长度与牛床宽度一致。饲槽底部高于牛床10～15厘米,槽内宽度40～50厘米。内沿高度30～40厘米(以牛床平面计),外沿高度与舍内中央通道面等高(以牛床平面计40～50厘米)。

4.运动场与围栏

牛舍向阳侧设立运动场。头均面积成年母牛20～25平方米、育成母牛15～20平方米、犊牛8～10平方米。运动场地面以三合土为宜,周边设围栏,围栏外设排水沟,呈2%的坡度,靠近牛舍处稍高,东西南面稍低,并设排水沟。

运动场四周设立围栏,栏高1.5米,栏柱间距2～3米,围栏可采用废钢管焊接,也可用水泥柱作栏柱,再用钢管串联在一起。围栏门宽2～3米。

5.凉棚

运动场中央搭建凉棚,常为四面敞开的棚舍建筑。头均面积以3～5平方米为宜,棚柱可采用钢管、水泥柱等,顶棚支架可采用角铁、C形钢焊制或木架等,棚顶面可用彩钢板、石棉瓦、遮阳布、油毡等材料。凉棚一般采用东西走向。

图2-15 运动场饮水槽

6.补饲槽、饮水槽

补饲槽应设在运动场北侧靠近牛舍门口,便于把牛吃剩下的草料收集起来放入补饲槽。饮水槽安装在运动场东西两侧,建议安装可加热饮水器。饮水槽地面固定处应高于周围地面,具有一定坡度,以防止地面淤积(图2-15)。

高效养牛全彩图解+视频示范

7.消毒池

一般在牛场或生产区入口处，便于人员和车辆通过时消毒。消毒池常用钢筋水泥浇筑，供车辆通行的消毒池长4米、宽3米、深0.1米，供人员通行的消毒池长2.5米、宽1.5米、深0.05米。消毒液应维持经常有效。人员往来必经的场门两侧应设喷雾及紫外线消毒走道。

8.污水池和堆粪场

牛舍和污水池、堆粪场应保持200～300米的卫生间距。粪尿污水池的大小应根据每头肉牛每天平均排出粪尿和冲污的污水量多少以及储存期的长短而定。

9.兽医室

一般设在牛场的下风向，包括诊疗室、药房、化验室、办公值班室及病畜隔离室，要求地面平整牢固，易于清洗消毒。

10.人工授精室

常设有精液处理（储藏）室、输精器械的消毒设备、保定架等。

11.青贮窖

建于排水良好、地下水位低的地方。

12.草料库

饲草棚应满足3～6个月生产需要，饲料原料库要满足1～2个月生产需要。

13.饲料加工车间

一般采用高平房，墙面应用水泥抹1.5米高，防止饲料受潮。安装饲料加工机组。加工室大门应宽大，以便运输车辆出入，门窗要严密。大型肉牛场还应建原料仓库及成品库。

肉牛养殖机械设备标准化

　　肉牛生产离不开相应的设备，规模化、集约化的肉牛业更需要先进的生产设备。传统的中国肉牛业集约化程度低，生产设备落后，手工操作过程较多，生产成本较高。随着我国社会经济的发展，养牛工序也将逐渐实现机械化、自动化和现代化。肉牛生产设备种类繁多，常用设备主要是饲料饲草收获加工机械、自动恒温饮水设施等。

一、饲喂机械

1.全混合日粮（TMR）制备机具

　　规模肉牛场应根据存栏量配备不同容积搅拌仓的全混合日粮（TMR）搅拌机具，即由粉碎机、搅拌机组合在一起的机型，大型饲料加工机组即由粉碎机、搅拌机以及计量装置、传送装置、微机系统等组合在一起的系统机组。从运行上可分为自走式、固定式、牵引式，根据容积可分为立式（小容量）和卧式（大容量）。如采用固定式TMR机械，则配置TMR专用投喂车（图2-16～图2-18）。

图2-16　立式自走式TMR饲料制备机具

图2-17 卧式固定式TMR饲料制备机具　图2-18 卧式牵引式TMR饲料制备机具

2.TMR加工中心

大型现代化牛场可使用TMR加工中心，具备定时投料、自动搅拌、精准称重、自动配料及装料等个性定制化服务的大型机组（图2-19）。

图2-19 TMR加工中心

二、饲喂配套设备

1.取料设备

青贮取料机适用于牛场或养牛小区青贮坑青贮饲料的装取，大大降低取料成本。其适合各种规格青贮窖；一般为自走式设计，方便现场操作，可减少劳动力、劳动时间，降低劳动强度，通常采用电力驱动，大大降低取料成本，还可提高青贮品质，防止二次发酵（图2-20）。

给料机，又叫饲料装车取料机，给料设备是肉牛饲料配制生产及运输的一种辅助性设备，其主要功能是将已加工或尚未加工的物料从某一设备（料斗、贮仓等）连续均匀地喂料给承接设备或运输机械中去，牛场多采用皮带式（图2-21）。

图2-20　青贮取料机

图2-21　饲料装车取料机

2. 推料车

推料车，也叫日粮推扫机，即将采食通道内被牛拱乱的饲料推到牛面前，极大地节省了人工，同时避免了牛因进不了食而与牛颈枷发生摩擦，减少牛体疾病的发生（图2-22）。

扫一扫
观看"推料车"视频

扫一扫
观看"撒料车"视频

图2-22　推料车

三、饲草收割设备

规模肉牛养殖场应配备青贮制作切草机3～4台及以上，大规模肉牛场可配备青贮饲料田间收切机械、运送机械、碾压机械。

包括玉米青贮原料收割加工一体设备（图2-23），和一般饲草收割设备（图2-24、图2-25）。

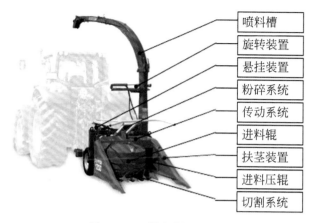

| | 喷料槽 |
| 旋转装置 |
| 悬挂装置 |
| 粉碎系统 |
| 传动系统 |
| 进料辊 |
| 扶茎装置 |
| 进料压辊 |
| 切割系统 |

图2-23　悬挂式青贮收割机

图2-24　圆盘式割草机　　　　图2-25　搂草机

四、饲草料加工设备

1. 铡草机

主要用于牧草和秸秆类饲料的切短以及制作青贮饲料（图2-26）。

2. 揉丝机

主要用于将秸秆切断、揉搓成丝状（图2-27）。

图2-26　铡草机　　　　　　图2-27　饲草揉搓机

3.打捆机

适用于稻草、麦草、玉米秸、花生藤、豆秆等秸秆、牧草捡拾打捆；配套功能多，可直接捡拾打捆，也可先割后捡拾打捆，还可以先粉碎再打捆。常见的有圆形打捆机（图2-28）、方形打捆机（图2-29）等。青贮现有制作裹包青贮的包膜机，也有制作打捆包膜一体机，可实现边收割边包膜（图2-30）。

图2-28　圆形打捆机　　　　　图2-29　方形打捆机

4.粉碎机

因日粮配方中精料（如玉米等）需要加工后使用，一般使用粉碎机（图2-31）。

4.包膜　　3.压紧　　2.喂入　1.填充

图2-30　固定式打捆包膜一体机

图2-31　粉碎机

五、饮水设备

规模肉牛场一律采用各种形式的自动饮水设施。满足肉牛全天候自由饮用清洁水。肉牛的饮水量与干物质进食量呈正相关。现代化肉牛场，为保证全天候、无限量、随时为肉牛提供新鲜、清洁的饮水，而又省工省时，节约水资源，建议安装应用可加热自动饮水器，常见的有可加热不锈钢饮水槽（图2-32）、浮球饮水槽（图2-33）。

图2-32　可加热不锈钢水槽

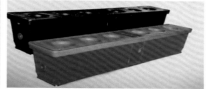

图2-33　浮球饮水槽

六、粪污处理设备

1.粪便处理设备

肉牛场的粪便一般较干，冲洗污水少，因此一般不需使用固液分离机。处理设备主要是指翻抛机，翻抛即可起到曝气、曝氧的作用。翻抛机常见种类有两种：一种是固定式，常见的有耙式翻抛机（图2-34）、绞龙翻抛机、滚筒翻抛机；另一种是移动式，即铲车翻抛（图2-35）。

图2-34 耙式翻抛机

图2-35 铲车翻抛

2.污水处理设备

根据处理工艺不同，污水处理设备不尽相同。厌氧处理可使用沼气、集装箱处理（图2-36）；好氧处理则需要添置曝氧设备。

图2-36 集装箱式污水处理系统

七、管理设备

如有条件，从动物福利出发，可配备牛体自动刷拭器、修蹄床架、清粪机具以及牛群管理软件应用设备。

八、人工授精设备

规模肉牛场可配备整合式或独立式发情监测仪以及全套人工授精设备和器材。

肉牛场粪污处理和利用

一、肉牛场粪便处理与利用

1.粪便贮存

有固定的堆放贮存场所和设施。应设在养殖场生产及生活管理区的常年主导风向的下风向或侧风向处，与主要生产设施之间距离不得小于100米，且须远离各类功能地表水体（距离不得小于400米）。宜采用地上"n"形槽式堆粪场，配备防雨棚，地面防水、防渗。

堆粪场容积应根据肉牛场存栏量设计，围墙高度≥1.2米，地面标高应大于场区最大降雨水位线高度。堆粪场粪污渗滤液集污暗渠（管）渠宽、渠深、暗管的直径均≥0.2米。污水排放引入污水贮存池。设置排水沟，防止雨水流入贮存设施。使用后的垫草、垫料和粪便采取一样的贮存、处理办法。

2.粪便处理

（1）有机肥 牛粪是一种很好的有机肥，有机肥的生产及好氧发酵的过程，指在人工控制和一定的水分、C/N和通风条件下通过微生物的发酵作用，将粪便转变为肥料的过程。有机肥施入土壤后可以形成稳定的腐殖质，改善土壤的理化性状，增加肥力而且肥效时间长。在牛粪中大约只有2/3的氮及1/2的磷能够直接被作物利用，其余为复杂的有机物，在较长时间内为微生物所降解，肥效期较长。钾则可全部被作物利用。以牛粪为主要原料，需要添加秸秆等辅料。调整混合物料的水分至55%～65%、C/N至（25～30）：1。堆肥前要将堆料中的秸秆、稻草等切碎，长度以3.3厘米左右为宜，并用水浸湿。具体工艺流程见图2-37。经过一次发酵、陈化后可粉碎筛分，经包装生产出有机肥产品。图2-38所示为有机肥生产过程。

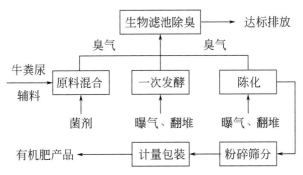

图2-37 有机肥制作工艺流程（徐鹏翔 等，2016）

图2-38 有机肥生产过程

通过堆肥，有机物由不稳定状态转变为稳定的腐殖质物质，其堆肥产品不含病原菌、杂草种子，而且无臭无蝇。

（2）厌氧发酵　即我们常说的沤肥，有机物进行厌氧发酵，翻抛频率低，堆温低，腐熟及无害化的时间较长，优点是制作方便。此法适用秋末春初气温较低的季节。一般需在1个月左右进行一次翻堆，以利于堆料腐熟。此法因工艺流程简单、成本低廉，在我国较为常见。

牛粪作肥料虽好，但是施用量也要适当控制，田间大量施用牛粪肥，会出现干燥土壤乃至焦化，也会使植物中硝酸态氮过多，动物或人食后变成亚硝酸盐中毒，还可能出现植物因氮过剩而导致徒长等问题。

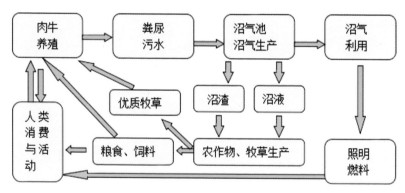 位于右侧边缘的竖排文字

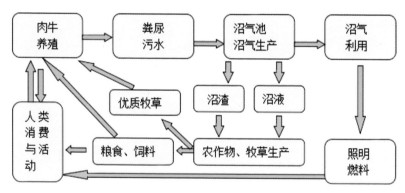

（3）饲养蚯蚓 利用蚯蚓的生命活动来处理牛粪是一条经济有效的途径。经过发酵的牛粪，通过蚯蚓的消化系统，在蛋白酶、脂肪分解酶、纤维酶、淀粉酶的作用下，能迅速分解、转化，成为自身或其他生物易于利用的营养物质，即利用蚯蚓处理牛粪，既可生产优良的动物性蛋白质，又可生产肥沃的复合有机肥。这项工艺简便、费用低廉，不与动植物争食、争场地，能获得优质有机肥料和高级蛋白质饲料，且安全可靠。

（4）生产沼气 沼气是利用厌氧菌（主要是甲烷菌）对牛粪尿和其他有机废弃物进行厌氧发酵产生的一种混合气体，其主要成分为甲烷（占60%～70%），其次为二氧化碳（占25%～40%），此外含有少量的氧、氢、一氧化碳和硫化氢。沼气燃烧后可产生大量热能，可作为生活、生产用燃料，也可用于发电。在沼气生产过程中，因厌氧发酵可杀灭病原微生物和寄生虫，发酵后的沼渣和沼液又是很好的肥料，这样种植业和养殖业有机地结合起来，形成一个多次利用、多次增值的生态系统（图2-39）。但肉牛场污水含量少，一般不适用沼气。

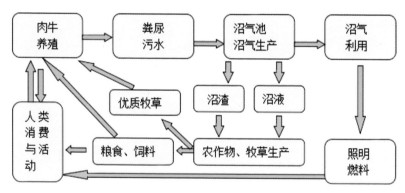

图2-39 牛场粪便厌氧发酵利用生态系统

二、肉牛场污水处理与利用

1.污水贮存

污水贮存设施容积应根据肉牛场饲养规模确定。污水贮存池底

 59

面和壁面建造需要做防渗处理。制订底部淤泥清除计划，清除后的淤泥排入粪便贮存池。设施周围应设置导流渠，防止径流、雨水进入贮存设施内，需配置排污泵。

2.污水处理

（1）物理处理 就是利用化粪池或滤网等设施进行简单的物理处理。此法可除去40%～65%的悬浮物，并使生化需氧量（BOD）下降25%～35%。污水流入化粪池，经12～24小时后，使BOD量降低30%左右，其中的杂质下降为污泥，流出的污水则排入下水道。污泥在化粪池内应存放3～6个月，进行厌氧发酵。

（2）化学处理 就是根据污水中所含主要污染物的化学性质，用化学药品除去污水中的溶解物质固体或胶体物质的方法。如化学消毒处理法，其中最方便有效的方法是采用氯化消毒法——混凝处理法，即用三氯化铁、硫酸铝、硫酸亚铁等混凝剂，使污水中的悬浮物和胶体物质沉淀而达到净化的目的。

（3）生物处理 就是利用污水中微生物的代谢作用分解其中的有机物，对污水进一步处理的方法。可分为好氧处理法、厌氧处理法及厌氧+好氧处理法。

一般情况下，牛场污水BOD值很高，并且好氧处理法的费用较高，所以很少完全采用好氧的方法处理牛场污水。厌氧处理又称甲烷发酵，是利用兼氧微生物和厌氧微生物的代谢作用，在无氧的条件下，将有机物转化为沼气（主要成分为CO_2、CH_4等）、水和少量的细胞物质。与好氧处理法相比，厌氧处理法效果好，可除去污水中绝大部分病原菌和寄生虫卵；能耗低，占地少；不易发生管孔堵塞等问题；污泥量少，且污泥较稳定。

厌氧+好氧法是最经济、最有效的处理污水的方法。厌氧法BOD负荷大，好氧法BOD负荷小，先用厌氧处理法，再用好氧处理法是高浓度有机污水常用的处理方法。

第三章

肉牛营养需要

第一节
牛的生物学特性与行为

一、牛的生物学特性

1.耐寒不耐热

牛体形较大，单位体重的体表面积小，皮肤散热比较困难，因此，牛比较怕热，但具有较强的耐寒能力。在–18℃的环境中，牛亦能维持正常的体温，但低温时，需采食大量的饲料来维持一定的生产力水平。高温时，牛的采食量会大幅下降，导致牛的生长发育速度减慢。高温对牛的繁殖性能也有很大的影响，可使公牛的精液品质和母牛的受胎率降低。因此，生产中必须采取防暑降温措施以减少高温对牛的影响，并避免在盛夏时采精和配种。

2.反刍与嗳气

牛是反刍动物，有四个胃，即瘤胃、网胃、瓣胃和皱胃。前三个胃没有腺体，又称前胃；只有皱胃能分泌胃液，又称真胃。

牛无上切齿和犬齿，靠高度灵活的舌把草卷入口中，并借助头的摆动将草扯断，匆匆咀嚼后即吞咽入瘤胃。休息时，瘤胃中经过浸泡的食团通过逆呕重回到口腔，经过重新咀嚼并混入唾液后再吞咽入瘤胃，这个过程称为反刍。瘤胃寄居着大量微生物，是饲料进行发酵的主要场所，故有"天然发酵罐"之称。进入瘤胃的饲料在微生物的作用下，不断发酵产生挥发性脂肪酸和各种气体（如CO_2、CH_4、NH_3等），这些气体由食管进入口腔后吐出的过程称为嗳气。当牛采食大量带有露水的豆科牧草和富含淀粉的根茎类饲料时，瘤胃发酵急剧上升，所产生的气体超过嗳气负荷时，就会出现臌气，如不及时救治，就会使牛窒息而死。

3.食管沟反射

食管沟始于贲门，延伸至网瓣胃口，它是食管的延续，收缩时呈一个中空闭合的管子。使食管直接和瓣胃相通。犊牛哺乳时，引起食管沟闭合，称食管沟反射。这样可防止乳汁进入瘤网胃中由细菌发酵而引起腹泻。

4.群居性与优势序列

牛喜群居，牛群在长期共处过程中，通过相互交锋，可以形成群体等级制度和优势序列。这种优势序列在规定牛群的放牧游走路线，按时归牧，有条不紊地进入牛舍以及防御敌害等方面都有重要意义。

5.食物特性与消化率

牛是草食动物，放牧时喜食高草。在草架上吃草有往后甩的动作，故对饲草的浪费很大。应根据这一采食行为采取合适的饲喂设施和方法。牛喜食青绿饲料和块根饲料，喜食带甜味、咸味的饲料，但通过训练能大量采食带酸性成分的饲料。

6.生殖特性

牛是常年发情的家畜，发育正常的后备母牛在18月龄时就可进行初配。母牛发情周期为21天左右，妊娠期为280天。种公牛一般从1.5岁开始利用。

二、牛的行为

牛的祖先是野生原牛，原牛每昼夜活动半径可达50千米，主要食物是牧草和其他纤维类植物，在变幻无常的自然条件下采食，在安全背风的地方休息、反刍。牛的大多数特征行为都源于自然条件或半自然条件下生活的野生原牛、肉牛或杂种牛。

1.感觉

在野生原牛向牛进化的过程中，为寻找食物以及与牛群之间进行交流，牛的感觉器官都发育得相当完善。

（1）视觉 牛的视力范围在330°～360°，而双眼的视角范围为25°～30°。牛能够清楚地辨别出红色、黄色、绿色和蓝色，但对绿色和蓝色的区分能力很差。同时，也能区分出三角形、圆形以及线形等简单的几何形状。

（2）听觉 牛的听觉频率范围几乎和人一样，而且能准确地听到一些人耳听不到的高音调。但由于牛的听觉只能探测远的范围，因而，对那些偏离这个角度范围而离牛体很近的声源发出的声音反而难以听到。

（3）味觉 牛的味觉发达，能够根据味觉寻找食物和使用气味信息与同伴进行交流，母牛也能够通过味觉寻找和识别小牛。味觉对牛选择食物非常重要，牛喜食甜、酸类食物，但不喜欢苦味和含盐分过多的食物。

（4）触觉 牛的触觉也很灵敏，能像人一样通过痛苦的表情和精神萎靡等方式将身体的损伤、疾病和应激等表现出来。

2.群体行为

个体与同伴之间的任何活动均可称为群体行为。和其他群居类动物一样，牛的群体行为发展得很完善，具体可以分为攻击性行为（如打斗和相互威胁等）和非攻击性行为（如相互舔毛等）。

（1）交流行为 牛的个体都可以通过传递姿势、声音、气味等不同信号来进行同类之间的交流，但大多数行为模式都需要一定的学习和训练过程才能准确无误地掌握，通常这种学习过程只发生在一生中的某个阶段，如果错过这个阶段，则无法建立这种相似的行为。如将初生牛隔离2～3个月，会发现它们将很难与其他犊牛相处。

（2）个体空间的需求　牛的空间需求分为身体空间需求和群体空间需求。

牛自身活动（如躺卧、站立和伸展等）所需要的空间为身体空间需求。群体空间需求则是指牛和同伴之间所要保持的最小距离空间。如果这种最小的空间范围受到了侵犯，牛会试图逃跑或对"敌对势力"进行攻击。牛所需的空间范围一般以头部的距离计算。通常在放牧条件下，成年母牛的个体空间需求为2～4米。如果密度过大限制了其自由移动，牛可能就会产生压力，并表现出相应的行为。在对漏缝地板饲养的青年牛和小公牛的研究表明，增大饲养密度，其攻击性和不良行为（如卷舌、对其他物体和牛只的舔舐活动）就会相应增加；将小公牛的饲养密度由2.3平方米/头降低到1.5平方米/头，其不良行为的频率将上升2.5～3.0倍。舍饲散栏饲养条件下，将走道宽度由2.0米减小到1.6米时，奶牛的攻击性行为将会大大增加；因而在牛场设计时，考虑牛的空间需求是很有必要的。

（3）位次　在自然（野生）条件下，一个牛群通常由公牛、母牛、青年牛和犊牛组成，而超过10～12月龄的小公牛就会被从这个群体中赶走。牛只在群体行为的基础上会建立起优势序列，这种主次关系就是牛只"社会地位"的群体位次关系，每头牛都清楚地"知道"自己在这个群体中的"社会地位"。这种关系会在牛成长发育阶段逐渐形成，在野生条件下，这种关系通常非常稳定，通过这种方式，牛群就能够正常、有序、协调地生活。为了维持这种位次关系的稳定和减少牛群间不必要的麻烦和争斗，就要尽量避免牛群成员的变化和更替。然而，如果这种更替不可避免地要发生，最好一次同时更替几头牛，牛群重组后再重新排序，建立稳定的位次关系。牛只的排序通常由其年龄、体重、脾气以及在牛群中的资历等因素决定。通过这种方式，年长和体形大的牛只通常会拥有较高的优势地位，而年幼、体轻和新转入群体内的母牛的地位较低。因而在舍饲散放情况下，特别是饲养条件不是很理想的情况下，年轻、体形小和头胎母牛的产量一般较低。如果少数牛只被隔离很长一段时间或在冬天将牛群转为舍饲拴系饲养，这种位次关系就得重新建立。如果牛体经常相互接触，而不发生激烈的冲突，已经建立的位次关系就能够稳固地维持几年时间。少量威胁和主动躲避行为不会对这种位次关系产生影响。目前，对最优的奶牛组群规模应该是多少没有确切的结论，但多数研究认为，最大的成年乳牛群应在70～80头，如果规模再大它们就不能相互识别，因而可能会导致牛只之间的冲突增加和升级。而对青年牛和犊牛的最优牛群规模大小还没有更多的研究。

（4）攻击性行为　牛只间的攻击行为和身体相互接触主要发生在建立优势序列（排定位次）阶段。正面（头对头）的打斗是最具攻击性的，而以头部撞击肩与腰窝等部位也非常激烈。一旦这种位次关系排定之后，示威性行为将成为主导。向对方表现出顶撞和摆头行为可能会导致示威行为的升级，从而演变成相互攻击。如果诸如食物、饮水和躺卧位置等资源条件受到限制，可能会激发牛只间大量的、剧烈的攻击性行为。

3.躺卧行为

牛有明显的生理节律，其休息、采食和反刍等主要行为会按照一个固定模式交替进行。同时，牛又是群居动物，因此一群成年牛有时会在同一时间段进行相同的行为活动。这种生理节律是很难改变的，因此在舍饲饲养过程中就可能会引起问题，例如在牛场设计时，饮水设施或者饲料通道等都是以个体行为模式为依据来进行设计的，而没有充分考虑肉牛群居的习性和行为的统一性，从而导致数量和面积等指标相对较小，限制了肉牛的部分行为和活动。

第二节

牛的消化生理特点

牛属于复胃动物，具有瘤胃、网胃、瓣胃和皱胃4个胃。前3个胃的黏膜中无腺体分布，主要起贮存食物和微生物发酵、分解粗纤维的作用，常称为前胃。皱胃黏膜内分布有消化腺，功能同其他动物的单室胃一样，所以又称真胃。图3-1为牛胃结构图。

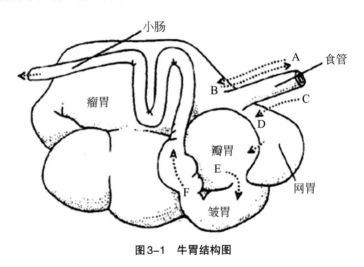

图3-1　牛胃结构图

一、牛胃的构造特点和瘤胃微生物区系

1.瘤胃

它是第一胃，约占胃总容量的80%。瘤胃内含有大量微生物，主要是纤毛虫和细菌。1克瘤胃内容物中含细菌500亿～1000亿个和纤毛虫20万～200万个。瘤胃微生物能发酵饲料中的纤维素、淀粉、葡萄糖和其他糖类，最终产生挥发性脂肪酸（主要是乙酸、丙酸和丁酸）、二氧化碳和甲烷。这些挥发性脂肪酸被吸收进入血液内，从而为牛提供约3/4的能量。微生物还可利用饲料分解所产生

66

的单糖、双糖合成其本身的多糖贮存于体内，待微生物到达皱胃时，被胃酸杀死，放出多糖，随食糜进入小肠，被分解吸收。瘤胃微生物还可将饲料中50%～70%的蛋白质分解为氨基酸，只有30%～50%的蛋白质进入小肠后被消化吸收。氨基酸再进一步分解成氨、二氧化碳和有机酸。一部分氨和氨基酸可被微生物利用合成其本身的蛋白质。到达真胃时，微生物被胃酸杀死，释放出菌体蛋白质，被小肠消化吸收。1头公牛1昼夜可合成约450克、母牛合成约360克菌体蛋白质，因此一般牛对饲料中的蛋白质品质要求不严格。瘤胃微生物能合成某些B族维生素和维生素K，所以即便日粮缺乏这类维生素也不会影响其健康。但犊牛因瘤胃还未充分发育，瘤胃内微生物区系还没有完全建立，如果日粮缺乏这类维生素，就可能患B族维生素缺乏症。犊牛3月龄后即可建立起强大的瘤胃微生物区系。

反刍是牛的生理特点。当瘤胃充满一定饲料后便开始反刍，反刍时食糜从瘤胃逆呕到口腔，在口腔咀嚼后，重新咽入瘤胃，再由微生物进一步分解消化，使牛能消化大量粗饲料。综上所述，由于瘤胃具有庞大的微生物区系，所以就构成了牛在营养上和饲料利用上的一些特点：①瘤胃微生物分泌纤维素、半纤维素分解酶，可以将饲料中的纤维素、半纤维素分解为挥发性脂肪酸（VFA）而被吸收利用；②瘤胃微生物可以将饲料蛋白质和尿素等非蛋白氮（NPN）转化为微生物蛋白质（MCP），瘤胃微生物随食糜进入真胃和小肠被消化利用；③瘤胃微生物具有合成B族维生素的能力，能够满足需要。因此，在肉牛日粮配合时，一般不考虑B族维生素。

2.网胃

它在4个胃中最小，容积约有8升，占总容积的5%，位于瘤胃的前下方。网胃的黏膜形成网格状的槽，形如蜂窝，故又叫蜂巢胃。网胃的右侧壁上有网胃沟，沟的两侧为隆起的唇。哺乳期的犊牛在吃奶时网胃沟能闭合成管状，乳汁可经网胃沟和瓣胃沟直接流到皱胃。成年牛则闭合不全。

3.瓣胃

它是第三胃，呈球形，比较坚实，占总容积的7%～8%。黏膜形成百叶皱襞，俗称百叶。它由网瓣口与网胃相通，由瓣皱口与皱胃相通。瓣胃的功能是滤去饲料中的水分，将黏稠部分推入皱胃。

4.皱胃

又称真胃，是第四胃，占胃总容积的7%～8%，上口较大，与瓣胃相接，下口与十二指肠相通。它的功能与其他单胃动物的胃相似，可以分泌消化蛋白质、脂肪、糖类所必需的胃液。食糜离开皱胃后就进入小肠，以后的消化过程与单胃动物相似。

二、牛的能量代谢

能量是饲料中所含碳水化合物、脂肪、蛋白质各种营养物质所有热量的总称。能量在牛体内的转化概括如图3-2所示。

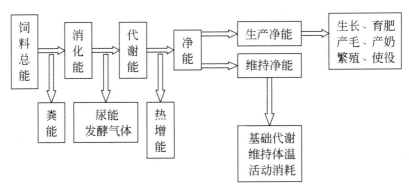

图3-2　能量在体内的转化

（1）饲料总能（GE）　用测热量的仪器直接测定，是饲料在体外完全燃烧所释放的热量。

（2）消化能（DE）　饲料总能减去粪能即为消化能。粪能包括饲料中没有被消化的物质中所含能量和代谢后产生的消化酶、微生物和消化道脱落黏膜等所含能量。

（3）代谢能（ME）　消化能减去尿能和气体能。主要是饲料中养分代谢吸收不完全的残余物、代谢过程中的产物（如肌酸酐），以及消化代谢过程中所产生的能量（如呼出的和肠道产生的二氧化碳、甲烷等）。肉牛由消化能转化为代谢能的效率一般为82%。

（4）净能（NE）　代谢能减去热增耗（HI）即为净能。所谓热增耗，就是牛只消化代谢、饲料发酵本身所消耗的热和饲料消化代谢时身体所释放的能量，大部分是无效的，少量用于维持体温。净能又分为生产净能（NEg）和维持净能（NEm）两部分。

（5）生产净能（NEP）　对于肉牛来说就是增重净能。增重净能是肉牛生长、育肥时增加体重的能量。

（6）维持净能（NEm）　是牛只处于基础代谢时，维持体温和活动的能量消耗。基础代谢是指牛只体重不增不减，保持不变，维持体温，保持生命活动的代谢过程。

三、牛的蛋白质消化与代谢

反刍动物在消化利用饲料中蛋白质的同时，可以利用非蛋白质的含氮物质，这是其他单胃动物所不具备的能力。牛的饲料中包括蛋白质和非蛋白质的含氮物，被食入瘤胃后，蛋白质一部分被瘤胃微生物降解为肽、氨基酸；饲料中的非蛋白态氮和唾液中的内源氮，被分解为氨。瘤胃微生物利用氨基酸、氨和瘤胃发酵生成的挥发性脂肪酸等，合成微生物蛋白。瘤胃微生物蛋白质和饲料中未被降解的蛋白质，也称为过瘤胃蛋白质，随着食糜进入真胃和小肠，被动物胃肠分泌的消化液消化吸收。消化代谢过程中，多余的氨、氨基酸一部分进入肝脏被合成为尿素再次进入唾液参加再循环；一部分经肾脏，从尿液排出体外。代谢的产物氮、未被消化的饲料氮进入粪便中被排出体外。

第三节
肉牛的营养需要与日粮配合

一、肉牛的营养需要

营养需要是指每头肉牛每天对能量、蛋白质、矿物质及维生素等营养成分的需要量。牛对各种营养物质的需要，因其品种、年龄、性别、生产目的、生产性能不同而有所差异。牛的营养需要可通过消化试验、饲养试验和屠宰试验等方法测得，营养需要也是肉牛饲养标准的主要内容。

1. 肉牛的干物质采食量

干物质采食量是配制肉牛日粮的重要参数。肉牛的干物质采食量受体重、日增重、饲料能量浓度、日粮类型、饲料加工、饲养方式和气候条件等因素的影响。在实际生产中，可结合草料资源条件，参照饲养标准，科学搭配青、干草料，调整日粮水分含量和营养浓度，满足肉牛的干物质需要。

2. 肉牛的能量需要

能量是肉牛维持生命活动以及生长、繁殖、生产等所必需的。牛需要的能量来自饲料中的碳水化合物、脂肪和蛋白质，但主要是碳水化合物。碳水化合物包括粗纤维、脂肪和无氮浸出物，它在牛瘤胃中被微生物分解为挥发性脂肪酸、二氧化碳、甲烷等，挥发性脂肪酸被瘤胃壁吸收，成为牛能量的主要来源。

（1）肉牛的能量体系　牛的饲料种类很多，从营养价值高的谷物到营养价值低的秸秆都是牛的常用饲料。各种饲料对于牛的能量价值是不一样的，不仅能量的消化率相差很大，而且从消化能或代谢能转化为净能的过程中，能量的损耗差异也较大，代谢能转化为增重净能和维持净能的效率也是不一样的。若用消化能或代谢能评

高效养牛全彩图解＋视频示范

定饲料，计算烦琐，所以目前世界上多数国家在牛的饲养上都采用净能体系。

（2）肉牛能量单位　我国现行的肉牛饲养标准采用的是综合净能值，也称净能体系，即综合净能=维持净能+增重净能，用肉牛能量单位（RND）来表示。以玉米作为能量饲料，1千克中等玉米的综合净能值为8.08兆焦，以其为1个肉牛能量单位（RND）。采用肉牛能量单位，即综合净能值把维持净能和增重净能结合起来综合评定，便于计算和生产中推广应用。其具体需要量可查阅肉牛饲养标准。

3.肉牛的蛋白质需要

近年来对反刍动物氮代谢的研究，提出许多新的认识，在此基础上各国提出了一些新的蛋白质体系，如可代谢蛋白体系、小肠可消化蛋白体系等。鉴于降解蛋白新体系还正处在研究阶段，我国肉牛饲养标准暂时仍采用粗蛋白体系。具体需要量可查阅肉牛饲养标准。

二、肉牛的日粮配合

肉牛的日粮是指肉牛每昼夜所采食的精饲料和粗饲料的总量。

1.日粮配合原则

（1）满足营养需要　依据肉牛饲养标准的规定，按照肉牛的不同性别、年龄、体重、日增重和所处不同生理阶段对各种营养物质的需求，搭配草料、满足需要。

（2）因地制宜、就地取材　选择饲料种类要从当地饲料资源出发，因地制宜，就地取材，兼顾营养需要和饲养成本。

（3）日粮组成多样化　尽可能多种草料搭配，营养齐全。青、干饲草搭配，既要提高日粮适口性、增加采食量，又有利于营养互补和提高营养浓度。

（4）原料新鲜、卫生　组成肉牛日粮的饲料要新鲜，保证品质好，没有发霉、腐败变质，没有农药和其他有害物质污染，严禁从疫区选购饲料。

（5）有利于提高产品质量　在配合育肥牛日粮时，所选用的饲草料要考虑对牛肉品质的影响，特别是对肌肉、脂肪颜色等品质的影响。

2.日粮配合示例

配合日粮的方法有试差法、对角线法、电脑法和凑数法等。为便于在生产中运用，现以凑数法为例，列举如下。以生长育肥牛体重400千克，在气温15℃的条件下，舍饲育肥，预期日增重1千克，现有饲料为青干杂草、苜蓿干草、玉米青贮、玉米、麦麸等。日粮配制过程如下。

第一步：在"肉牛饲养标准"的肉牛营养需要表中查出生长育肥牛体重400千克、日增重1千克的各种营养需要，列于表3-1。

表3-1　生长育肥牛体重400千克、日增重1千克的各种营养需要

干物质/千克	综合净能/兆焦	粗蛋白质/克	钙/克	磷/克
8.58	50.63	866	33	20

第二步：在"肉牛常用饲料成分及营养价值表"中查出现有各种可利用饲草料的营养成分（表3-2）。

表3-2　现有饲料的营养成分

饲料名称	干物质/千克	综合净能/兆焦	粗蛋白质/%	钙/%	磷/%
野干草	85.2	4.03	8.0	0.48	0.36
苜蓿干草	92.4	4.83	18.2	2.11	0.30
玉米青贮	22.7	4.40	7.0	0.44	0.26
玉米	88.4	9.12	9.7	0.09	0.24
麦麸	88.6	6.61	16.3	0.20	0.88

第三步：根据营养需要和现有饲料营养成分，按照表3-1的营养要求，先按照饲草与精饲料7：3的干物质比例进行日粮饲草试

高效养牛全彩图解＋视频示范

差配合（表3-3）。

表3-3　饲草营养提供量计算

饲料名称	数量/千克	干物质/千克	综合净能/兆焦	粗蛋白质/克	钙/克	磷/克
野干草	4	3.408	13.7	272.6	16.36	12.27
苜蓿干草	1	0.924	4.46	168.2	19.59	2.78
玉米青贮	10	2.27	9.99	158.9	9.99	5.90
合计	15	6.602	28.15	599.7	45.94	20.95

各种营养物质需要量减去粗饲料共计的营养物质，余下的部分需用混合精料来满足（表3-4）。

表3-4　混合精料应提供的营养量

饲料名称	干物质/千克	综合净能/兆焦	粗蛋白质/克	钙/克	磷/克
需要量	8.56	50.63	868	33	20
粗饲料含量	6.602	28.15	599.7	45.94	20.95
需用精料供给	1.958	22.48	268.3	−12.94	−0.95

按照现有精饲料玉米、麸皮的能量和蛋白质含量，估测玉米和麸皮的用量，并进行推算（表3-5）。

表3-5　确定精饲料用量

饲料名称	数量/千克	干物质/千克	综合净能/兆焦	粗蛋白质/克	钙/克	磷/克
玉米	2.5	2.21	20.16	214.37	1.99	5.304
麦麸	0.5	0.443	2.93	72.21	0.89	3.9
合计	3.0	2.653	23.09	286.58	2.88	9.204

混合饲草与混合精饲料的营养成分综合为日粮，计算结果列于表3-6。

表3-6　生长育肥牛体重400千克、日增重1千克日粮配合结果

饲料名称	数量/千克	干物质/千克	综合净能/兆焦	粗蛋白质/克	钙/克	磷/克
野干草	4.0	3.408	13.7	272.6	16.36	12.27
苜蓿干草	1.0	0.924	4.46	168.2	19.59	2.78
玉米青贮	10.0	2.27	9.99	158.9	9.99	5.90
玉米	2.5	2.21	20.16	214.37	1.99	5.304
麦麸	0.5	0.443	2.93	72.21	0.89	3.90
合计	18.0	9.255	51.24	886.28	48.82	30.154

注：总饲料量18.0千克，干物质9.255千克，综合净能51.24兆焦，粗蛋白质886.28克，钙48.82克，磷30.154克。

上述配合结果，干物质、综合净能和粗蛋白质均达到要求。矿物质钙、磷也已满足。

第四步：根据饲养标准要求和饲养实际，对配合日粮中的营养成分进行以下调整。

① 按照上述日粮中精饲料量的2%添加食盐，以满足钠和氯的需要。

② 钙和磷已满足，比例基本恰当，不需调整。

③ 适当添加肉牛专用饲料添加剂，满足肉牛对微量元素等营养物质的需要。

三、肉牛生产典型日粮配方

随着种草养牛业的发展，各地对肉牛饲粮配方进行了较为深入的研究，并筛选出了许多实用配方。现将部分选录如下，以供生产中参考。

1.犊牛饲料配方

① 玉米50%，麸皮12%，熟豆饼30%，酵母粉5%，磷酸氢钙1%，碳酸钙1%，食盐1%。随母哺乳，早期补饲上述犊牛料和优质青饲料、优质苜蓿干草，1～6月龄平均日增重600克以上。

② 玉米45%，麸皮17%，苜蓿草粉10%，熟豆饼24%，牡蛎粉2.5%，食盐1.5%。

日喂1.25千克，鲜奶（含干物质12.3%）5.3千克，喂150天。外加苜蓿干草、玉米青贮，自由采食。6月龄内平均日增重607克，12月龄体重273千克，18月龄体重360千克。

③ 熟豆饼22%，玉米40%，高粱20%，麸皮15%，牡蛎粉2%，食盐1%。

日喂2千克，鲜奶5.67千克，喂90天，外加苜蓿干草、青贮玉米，自由采食。6月龄平均日增重549克，12月龄体重268千克，18月龄体重360千克。

2. 体重300千克以下育肥肉牛典型日粮配方

为方便应用，以下各配方中各种饲料（用量）均为自然重。

① 黄玉米17.1%，棉籽饼19.7%，饲料化处理鸡粪8.2%，玉米青贮（带穗）17.1%，小麦秸25%，杂干草11.6%，食盐0.3%，石粉1%。

② 黄玉米15%，胡麻籽饼13.6%，玉米黄贮35%，青干草5%，白酒糟31%，食盐0.4%。

③ 黄玉米19%，胡麻籽饼13%，玉米黄贮17.6%，青干草5%，白酒糟45%，食盐0.4%。

以上各配方，每头牛干物质日采食量均为7.2千克。预计日增重均为900克。

3. 体重300～400千克育肥肉牛典型日粮配方

① 黄玉米10.4%，棉籽饼32.2%，饲料化处理鸡粪4.1%，玉米秸9.1%，玉米青贮（带穗）13.4%，白酒糟30%，石粉0.5%，食盐0.3%。

② 黄玉米8.6%，玉米黄贮36%，白酒糟48%，胡麻籽饼7%，食盐0.4%。

③ 黄玉米11%，玉米黄贮25%，玉米秸5%，白酒糟50%，胡麻籽饼8.6%，食盐0.4%。

以上各配方，每头牛干物质日采食量均为8.5千克。预计日增重均为1100克。

4.体重400～500千克育肥肉牛典型日粮配方

① 黄玉米16.7%，棉籽饼24.7%，玉米秸9.5%，玉米青贮（带穗）37.4%，石粉1%，食盐0.7%，白酒糟10%。

② 黄玉米21.1%，棉籽饼29.2%，玉米秸9.1%，玉米青贮（带穗）34.5%，白酒糟4.0%，石粉1.5%，食盐0.6%。

③ 黄玉米38.6%，玉米黄贮22%，胡麻籽饼9%，青干草4%，白酒糟26%，食盐0.4%。

以上配方，每头牛干物质日采食量均为9.8千克，预计日增重均为1000克。

5.体重500千克以上育肥肉牛典型日粮配方

① 黄玉米42.6%，大麦粉5%，杂草7%，玉米青贮（带穗）28.%，苜蓿草粉11.5%，食盐0.4%，白酒糟5%。

② 黄玉米41%，大麦粉5%，杂草7%，玉米青贮（带穗）39%，苜蓿草粉6.6%，食盐0.4%，石粉1%。

③ 黄玉米27%，大麦粉5%，胡麻籽饼8.6%，玉米黄贮19%，玉米秸6%，白酒糟34%，食盐0.4%。

以上配方，每头牛干物质日采食量均为10.4千克，预计日增重均为1100克。

第四章

肉牛高效饲养管理技术与
活体评价分割工艺

第一节

犊牛饲养管理

　　犊牛指从出生到6月龄的这段时期。犊牛刚出生时，体重较小，抵抗力较弱，消化道发育也不完全。在母体内时，犊牛完全依靠母体获取营养；出生后，立即开始独立生活，环境有了突然改变，犊牛所需要的各种营养全靠母乳供给，此时，如不加强哺喂极易使犊牛发生消化道疾病，严重的还可导致死亡。同时犊牛处于高强度的生长发育阶段，因此必须饲喂较高营养水平的日粮，只有这样，肉用犊牛的潜在发育性能才能得到充分表现。

　　犊牛的营养需要，取决于计划日增重的大小，不同的肉用牛品种及其杂种改良牛又要求不同的日增重，对于特定的肉用牛，可按该品种的日增重要求供给营养，一般肉用品种犊牛可采用乳用犊牛的增重标准，即6月龄犊牛达到160～170千克，一般大型肉牛日增重应达到700～800克，小型牛日增重应达到600～700克。若增重达不到上述水平，应增加哺乳期母牛的补料量，对月龄大的犊牛，可以直接补料。

一、初生犊牛管理

犊牛娩出后，随着脐带被扯断，营养供给的途径便发生了重大变化，出生前，犊牛的葡萄糖、氨基酸等是通过胎盘直接提供的。出生后，这些营养物质必须从母乳中获得，并由小肠吸收，这些变化的成功实现与初乳中大分子免疫球蛋白和初生犊牛小肠细胞对大分子化合物的通透性密切相关，因此，从初乳获得的大量球蛋白，能够帮助正在发育的免疫系统抵御病原体，并从初乳中获得丰富营养以提供能量保持体温恒定。

初生犊牛对外界环境的适应需有一个过程，其间需要细心呵护，对新生犊牛的护理，包括清除口鼻腔黏液、断脐带、去软蹄、擦干体表黏膜、称初生重、编号和打耳标等。

犊牛出生后哺乳可分为随母哺乳，或几头幼犊由一头泌乳牛代哺，或人工哺乳3种不同育犊方式，不管哪种方式育犊，都必须坚持让新生犊牛吃上1周左右的初乳。

1.清除口鼻腔黏液

犊牛出生后，要尽快擦除鼻腔及体表黏液，一般正常分娩，母牛会及时舔去犊牛身上的黏液，这一行为具有刺激犊牛呼吸和加强血液循环的作用（图4-1）。而特殊情况下，犊牛出生后用毛巾等柔软物立即清除其口腔及鼻孔内的黏液，以免妨碍犊牛的正常呼吸和

图4-1　母牛舔犊

将黏液吸入气管及肺内。如犊牛产出时已将黏液吸入而造成呼吸困难时，可两人合作，握住其两后肢，倒提犊牛，拍打其背部，使黏液排出，如犊牛产出时已无呼吸，但尚有心跳，可在清除其口腔及鼻孔黏液后将犊牛在地面摆成仰卧姿势，头侧转，按每6～8秒一次按压与放松犊牛胸部进行人工呼吸，直至犊牛能自主呼吸为止。

2. 断脐

通常情况下，随着犊牛的娩出，脐带会自然扯断，若不能自行扯断脐带，可用人工断脐法。护理人员在距犊牛腹部10～20厘米处用5%～10%的碘酒消毒，并用手将脐血挤回犊牛腹部，在距离腹部6～8厘米处将脐带结扎，在结子下方1～1.5厘米处用消毒过的剪刀剪断脐带或用手扯断，挤出脐带中的黏液，并用5%～10%碘酒消毒敷于断端，或用纱布包扎，以防感染而发生脐带炎，脐带在5周左右干燥脱落。断脐不要结扎，以自然干枯脱落为好。

3. 去软蹄

软蹄在母牛腹腔起缓冲作用，为了使犊牛尽快站稳，用手剥去小蹄上附着的软组织——软蹄，避免蹄部发炎。扶助犊牛起立，防止犊牛摔伤。

4. 哺喂初乳

初乳是指母牛分娩后7日龄内分泌的乳汁。初乳营养丰富，尤其是蛋白质、矿物质和维生素A的含量比常乳高。蛋白质中含有大量的免疫球蛋白，对增强犊牛的抗病力具有重要作用。初乳中镁盐较多，有助于犊牛排出胎粪。初乳中还含有溶菌酶，具有杀灭各种病菌功能，同时，初乳进入胃肠具有代替胃肠壁黏膜的作用，阻止细菌进入血液。初乳也能促进胃肠机能的早期活动，分泌大量消化酶。从犊牛本身来讲，初生犊牛胃肠道对母体原型抗体的通透性在出生后很快开始下降，约在18小时几乎丧失殆尽。在此期间如不能吃到足够的初乳，对犊牛的健康就会造成严重的威胁。犊牛出生后应在0.5～2.0小时内吃上初乳，方法是在犊牛能够自行站立时，让其接近母牛后躯，采食母乳（图4-2）。对个别体弱的犊牛可采取人工辅助，挤几滴母乳于洁净手指上，让犊牛吸吮手指，而后引导到乳头助其吮奶。保证犊牛哺乳充分，应给予母牛充分的营养。

图4-2　哺喂初乳

肉牛多采用自然哺乳的方式。自然哺乳即犊牛随母吮乳。一般是在母牛分娩后，犊牛直接吸食母乳，同时进行必要的补饲。一般在出生后2个月以内，母牛的泌乳量基本可满足犊牛生长发育的营养需要，2个月以后母牛的泌乳量逐渐下降，而犊牛的营养需要却逐渐增加。自然哺乳时应注意观察犊牛哺乳时的表现，当犊牛频繁地顶撞乳房，而吞咽次数不多，说明母牛奶量减少，犊牛吃不饱，则要加大补饲量。

5.检查

母牛产犊后，要及时检查胎衣是否排出，一旦胎衣排出后要及时取走胎衣，以防母牛吞入。

6.保暖保温

在寒冷的冬季产犊，应采取保暖措施，搞好防寒保温工作，但不宜用柴草生火取暖，以防止犊牛遭烟熏患肺炎等疾病。

7.护理

初生期犊牛所在产房和犊牛舍温度要保持在18～22℃，以利于母牛体质恢复和犊牛生长发育，勤换垫草，保持牛舍清洁干燥通风，不可有穿堂风或贼风，夏季防止中暑。

8.及早补饲草料

从1周龄开始，在牛栏的草架内添入优质干草（如豆科青干草等），训练犊牛自由采食，以促进瘤、网胃发育。

青绿多汁饲料如胡萝卜、甜菜等，在20日龄时开始补喂，以促进消化器官的发育。补饲开始时每天先喂20克，以后逐渐增加补喂量，到2月龄时可增加到1～1.5千克，3月龄为2～3千克。

青贮料可在2月龄开始饲喂，每天100～150克，3月龄时1.5～2.0千克，4～6月龄时4～5千克。应保证青贮料品质优良，防止用酸败、变质及冰冻青贮料喂犊牛，以免下痢。出生后10～15天开始训练犊牛采食精料，初喂时可将少许牛奶洒在精料上，或与调味品一起做成粥状，或制成糖化料，涂搭犊牛口鼻，诱其舔食。开始时日喂干粉料10～20克，到1月龄时，每天可喂150～300克，2月龄时可日喂500～700克，3月龄时可喂750～1000克，犊牛料的营养成分对犊牛生长发育非常重要，可结合本地条件，确定配方和喂量。常用的犊牛补饲配方举例如下。

配方一：玉米27%、燕麦20%、小麦麸10%、豆饼20%、亚麻籽饼10%、酵母粉10%、维生素3%。

配方二：玉米50%、豆饼30%、小麦麸12%、酵母粉5%、碳酸钙1%、食盐1%、碳酸氢钙1%（对于90日龄前的犊牛每吨料内加入50克多种维生素）。

配方三：玉米50%、小麦麸15%、豆饼15%、棉粕13%、酵母粉3%、磷酸氢钙2%、食盐1%，微量元素、维生素、氨基酸复合添加剂1%。

9.新生犊牛的育种管理

（1）称重，在喂第一次初乳之前称初生重。

（2）编号，按规定方案编号，并打耳标等。

二、犊牛管理

犊牛培育的要求是死亡率低，即成活率达到95%以上，犊牛具有生长发育快、瘤胃功能不健全、抵抗能力差等特点，所以犊牛培育有一定的技术难度。养好犊牛是肉牛生产中关键的环节，我国肉用犊牛多采用"一母一犊"饲养法，让犊牛直接吮吸母乳。肉用牛的哺乳期通常为5～6个月，在哺乳的同时进行必要的补饲，补料一般从2～3周龄开始，一般采用隔栏补饲的方法，补充的饲料必须是高蛋白质和易消化的能量饲料，并添加维生素和矿物质，其营养必须平衡，还需较好的适口性，这不仅有利于提高日增重，而且还利于断奶。但是必须要让犊牛发育良好又不过肥。哺乳期如果饲喂过多精料会造成脂肪蓄积，尤其对繁殖用的母犊牛，由于脂肪的积累，往往妨碍子宫、乳腺及其他内脏的发育，从而导致成年母牛受胎率低，降低了繁殖性能。

1. 初乳期犊牛的饲养管理

犊牛初乳期7天，主要是前3天，最重要的是第1天。犊牛出生后，营养、呼吸、循环和体温调节等发生了很大变化，要从母牛子宫内的生活环境逐渐适应子宫外的生活条件，有机体承受了外界环境中的各种刺激，并作出了相应的反应，逐步形成条件反射，从而与外界环境不断地保持统一，逐渐增强对疾病的抵抗力，这种抵抗力主要来自初乳。初乳比常乳的干物质（特别是蛋白质、维生素A、镁盐等营养物质）含量多，其蛋白质中有大量免疫球蛋白，及时哺喂初乳，可使犊牛获得免疫力。

（1）初乳的哺喂　给初生犊牛尽早喂初乳是头等重要的事，犊牛出生后表现出正常的呼吸反射时，就可喂初乳，在出生后0.5～1小时内让犊牛吃上母牛的初乳，对体质较弱的，可延迟到出生后1～2小时。第1次初乳不限量，吃饱为止，喂2千克左右，24小时之内可多次哺喂，在消化正常的情况下，尽量早吃多吃初乳（图4-3）。

如果母、犊分离而需要人工哺乳，则第一次初乳量不可低于2千克，挤完初乳即喂，温度下降可用温水预热至38℃饲喂，加温不宜过高，高温会使初乳凝固，并影响初乳功能的发挥，以后日喂量按体重的1/6～1/5哺喂，每日分3～5次哺喂，冷凉初乳要用水浴加温至35～38℃。如果新生犊牛得不到生母的初乳，最好喂同日或次日产犊的其他健康母牛的初乳，喂人工初乳的犊牛可以养活，但病多且生长慢。

图4-3　初产母牛哺乳犊牛

人工哺乳应用带奶嘴的奶壶喂，使犊牛产生吸吮反射，避免呛着或吸进肺部（图4-4）。犊牛吃完初乳，应用干净的毛巾擦干嘴角，避免细菌滋生。如母牛产后患病或死亡，可用同期分娩母牛的初乳或冷库保存

图4-4　人工哺乳

的初乳。如得不到初乳，需要用奶粉或常乳饲喂时，应添加维生素A、维生素D和维生素E，可用如下配方配制：鲜牛乳1千克，生鸡蛋3个，鱼肝油30克，食盐10克，土霉素400毫克或金霉素250毫克，充分混匀，加温到37～38℃喂给，连喂5天。

（2）新生犊牛的哺喂方法　新生犊牛瘤胃很小且无消化功能，但真胃却发育良好，真胃一般大于瘤胃，自然哺乳犊牛时，牛乳通过食管沟直接进入真胃。

人工哺乳犊牛最常用的喂奶用具是奶壶和奶桶，而要犊牛从桶里喝奶必须进行训练。其方法是将手指头浸入奶中，诱导犊牛吸吮手指，逐渐学会从桶中吸奶，经过训练始终不能从桶中吸奶的犊牛是弱犊，因为喂给的奶进入瘤胃，由于细菌的作用，消化利用率降

低，啜奶的条件反射一旦建立，就长时间不会消失，犊牛见到奶桶等信号，就产生条件反射，食管沟闭合，奶或代入液体物被啜进真胃。摇尾、顶撞等外观信号是食管沟闭合的极好标志。犊牛吃完奶一定要用洁净的毛巾将其嘴巴擦净，以免互相舔食而导致疾病交叉传染或形成恶癖。

2.常乳期犊牛的饲养管理

常乳期是犊牛实现从单胃消化转为复胃消化，从单一液体饲料转为兼食固体饲料，从依靠乳汁营养转为依靠草料营养的十分重要的过渡时期，也是饲养费用最高的时期，这个时期犊牛易患病，除脐带炎易发生在初乳期外，胃肠炎、肺炎都易发生在此期。

（1）犊牛常乳期的适宜环境　搞好犊牛舍内空气卫生，防止肺炎发生。犊牛出生后3～8周龄时容易发生肺炎，对犊牛健康造成严重威胁，死亡率也高，肺炎是空气中的有害作用（空气中病原菌及有害气体的浓度）超过了动物本身依靠呼吸道黏膜上皮的机械保护作用和机体所产生抗体的生物免疫作用的限度而产生的，是机体内平衡作用丧失的结果，因此搞好犊牛及其舍内空气卫生，对预防犊牛肺炎是非常重要的。舍内温度为10～20℃，相对湿度为70%～80%，保持干燥清洁，光照充足，具有充足而清洁的饮水，舍内设饮水槽，供给充足饮水，每天清洗一次，以保证饮水清洁，并可在饮水槽附近设盐砖，供犊牛自由舔食，通风换气良好。

（2）常乳期的哺喂和补饲　犊牛经过5～7天初乳期之后开始哺喂常乳，至完全断奶的这一阶段称为常乳期。这一阶段是犊牛体尺、体重增长及胃肠道发育最快的时期，尤其以瘤胃、网胃的发育最为迅速，此阶段是由真胃消化向复胃消化转化、由饲喂奶品向饲喂草料过渡的一个重要的转折时期。

肉用杂交犊牛随母自然吃乳，因此要随时观察母牛泌乳情况，如遇乳量不足或母牛乳房疾病，应及时改善饲养或治疗。如出现乳量过于充足造成犊牛腹泻的情况，应人工挤掉一部分奶，暂时控制犊牛哺乳次数和哺乳量，并及时治疗腹泻。如有条件最好把母牛与犊牛隔开，采用自然定时哺乳的方法，一昼夜哺乳4～6次，但必须让犊牛准时哺乳，如果舍饲管理，2周以后应当训练犊牛采食少量精料和铡短的优质干草。4周龄后可投放少量混合精料饲喂犊牛，以促进犊牛的瘤胃发育，为必要的补饲和断奶后采食大量的饲草料创造条件，在圈舍或运动场内必须备有清洁新鲜饮水，供犊牛随时饮用。为保证母牛按时发情、配种和正常怀孕，必须及时断奶。如果犊牛出生体重太小或曾患病，可通过加强饲养的办法弥补，不应延长哺乳期。犊牛的哺乳期应根据犊牛的品种、发育状况、农户（牛场）的饲养水平等具体情况来确定。如精料条件较差的牛场，哺乳期可定为4～6个月；如精料条件较好，哺乳期可缩短为3～5个月；如果采用代乳粉和补饲犊牛料，哺乳期则为2～4个月。

3. 运动

运动能增强牛的体质，增进健康。犊牛出生7～10天后，可随母牛到室外自由运动，每天上午、下午分别进行一次，但应注意防寒、防暑（图4-5）。

图4-5 母牛和犊牛采光、运动

4. 卫生管理

犊牛的管理要做到"三勤"，即勤打扫、勤换垫草、勤观察。并做到"三观察"，即喂奶时观察食欲、运动时观察精神、扫地时观察粪便。健康犊牛一般表现为机灵、眼睛明亮、耳朵竖立、被毛闪光，否则就有生病的可能。特别是患肠炎的犊牛常常表现为眼睛下陷、耳朵垂下、皮肤包紧、腹部蜷缩、后躯粪便污染；患肺炎的犊牛常表现为耳朵垂下、眼角有分泌物。其次注意观察粪便的颜色和黏稠度及肛门周围和后躯有无脱毛现象，脱毛可能是营养失调导致腹泻污染后躯而引起。另外，还应观察脐口，如果脐口发热肿胀，可能有急性脐带感染，还可能引起败血症。

犊牛管理的"三净"，即饲料净、畜体净和工具净。

（1）饲料净　是指牛饲料不能有发霉变质和冻结冰块现象，不能含有铁丝、铁钉、牛毛、粪便等杂质。商品配合料超过保存期禁用，自制混合料要现喂现配。夏天气温高时，饲料拌水后放置时间不宜过长。

（2）畜体净　就是保证犊牛不被污泥浊水和粪便等污染，减少疾病发生。坚持每天1～2次刷拭牛体，促进牛体健康和皮肤发育，减少体内外寄生虫病。刷拭时可用软毛刷，必要时辅以硬质刷子，但用劲宜轻，以免损伤皮肤。冬天牛床和运动场上要铺放麦秸、稻麦壳或稻麦末等褥草垫物。夏季运动场宜干燥、遮阳，并且通风良好。

（3）工具净　是指喂奶和喂料工具干净卫生。随母哺乳，要观察哺乳前乳头的卫生状况。如果乳头被污泥粪便玷污或用具脏，极易引起犊牛下痢、消化不良、臌气等。特别是阴雨季节，母牛乳房、乳头易被粪水污泥玷污，必要时，要进行清洗。每次用完的奶具、补料槽、饮水槽等一定要洗刷干净，保持清洁。

5.健康观察

（1）看食槽　犊牛没吃净食槽内的饲料就抬头慢慢走开，说明喂料量过多；如食槽底和壁上只留下像地图一样的料渣舔迹，说明喂料量适中；如果槽内被舔得干干净净，说明喂料量不足。

（2）看粪便　犊牛排粪量日渐增多，粪条比吃纯奶时质粗稍稠，说明喂料量正常。随着喂料量的增加，犊牛排粪时间形成新的规律，多在每天早、晚两次喂料前排便，粪块呈无数团块融在一起的叠痕，像成年牛粪一样油光发亮但发软。如果犊牛排出的粪便形状如粥状，说明喂料过量，如果犊牛排出的粪便像泔水一样稀，并且臀部粘有湿粪，说明喂料量太大，或料水太凉。要及时调整，确保犊牛代谢正常。

（3）看食相 犊牛对固定的喂食时间十多天就可以形成条件反射，每天一到喂食时间，犊牛就跑过来寻食，说明喂食正常。如果犊牛吃净食料后，向饲养员徘徊张望，不肯离去，说明喂料不足。喂料时，犊牛不愿到食槽来，饲养员呼唤也不理会，说明上次喂料过多或有其他问题。

（4）看肚腹 喂食时如果犊牛腹陷很明显，不肯到食槽前吃食，说明犊牛可能受凉感冒，或患了伤食症。如果犊牛腹陷很明显，食欲反应强烈，但到食槽前只是闻闻，一会儿就走开，这说明饲料变换太大不适合，或料水温度过高或过低。如果犊牛肚腹膨大不吃食，说明上次吃食过量，可停喂一次或限制采食量。

6. 犊牛断奶

犊牛断奶是提高母牛生产性能的重要环节。据报道，犊牛产后50～60天强行断奶，母牛的产后发情时间平均为（69±7）天，比犊牛未早期断奶的哺乳母牛产后发情时间（98±24.6）天提前了29天。可见，对犊牛实行早期断奶是缩短母牛产后发情间隔时间简便而有效的手段。对于生产小牛肉，早期断奶时间一般建议为2～3月龄。

自然哺乳的母牛在断奶前1周即停喂精料，只给粗料和干草、秸秆等，使其泌乳量减少。然后把母、犊分离到各自牛舍，不再哺乳。断奶第1周，母、犊可能互相呼叫，应进行分舍饲养管理或拴系饲养，不让互相接触（图4-6、图4-7）。

图4-6 犊牛单栏饲养

图4-7 犊牛断奶

7.预防接种，消毒

结合当地牛疫病流行情况，有选择地进行各种疾病疫苗的接种。

做好定期消毒。冬季每月进行一次消毒，夏季每10天一次，用苛性钠、石灰水或来苏尔对地面、墙壁、栏杆、饲槽、草架全面彻底消毒。如发生传染病或有死畜现象，必须对其所接触的环境及用具作临时突击消毒。

8.称重和编号

称重应按育种和实际生产的需要进行，一般在初生、6月龄、周岁、第一次配种前应予以称重。在犊牛称重的同时，还应进行编号，编号应以易于识别和结实牢固为标准。生产上应用比较广泛的是耳标法，耳标有金属的和塑料的，先在金属耳标或塑料耳标上打上号码或用不褪色的色笔写上号码，然后固定在牛的耳朵上（图4-8）。同时要把各种信息登记在册，形成永久档案。

图4-8 犊牛打耳标

9.犊牛调教

对犊牛从小调教，使之养成温驯的性格，无论对育种工作，还是成年后的饲养管理与利用都很有利。对牛进行调教，首先要求管理人员要以温和的态度对待牛，经常抚摸牛，刷拭牛体，测量体温，脉搏，日子久了，犊牛就能养成温驯的性格。

10. 去角

一般在犊牛出生后的5～7天进行，去角的方法如下。

（1）固体苛性钠法　先剪去角基部的毛，然后在外周用凡士林涂一圈，以防药液流出而伤及头部或眼睛。然后用苛性钠在剪毛处涂抹，面积1.6平方厘米左右，至表皮有微量血液渗出为止。应注意的是，正在哺乳的犊牛，施行去角手术4～5小时之后才能接近母牛进行哺乳，以防苛性钠腐蚀母牛乳房及皮肤。这种方法是通过苛性钠破坏生角细胞的生长，达到去角的目的。实践应用效果较好。

（2）电烙器去角法　将专用电烙器加热到一定温度后，牢牢地按压在角基部直到其角周围下部组织为古铜色为止。一般烫烙时间为15～20秒，烫烙后涂以青霉素软膏以防烫伤伤口而感染。

11. 去势

如果是专门生产小白牛肉，公犊牛在没有出现性特征之前，就可以达到市场收购体重。因此，就不需要对牛进行阉割。进行成年牛育肥生产，一般小公牛3～4月龄去势。阉牛生长速度比公牛慢15%～20%，而脂肪沉积增加，肉质得到改善，适于生产高档牛肉。阉割的方法有手术法、去势钳法、铁砸法和注射法等。

第二节
育成牛饲养管理

犊牛满6月龄后，转入育成牛群，将公、母牛分开饲养，进行后备母牛培育和商品肉牛的生产。育成牛是指断奶后到配种前的牛。计划留作后备牛的犊牛在4～6月龄时选出，要求生长发育好、性情温驯、省草省料而又增重快，留作本群繁殖用。但留种用的牛不得过胖，应该具备结实的体质。

一、育成公牛饲养管理

所谓的育成公牛就是指培育成育种所用的种公牛，它培育得好坏直接影响下一代牛的生长发育、体形结构、种用性能及整个牛群的质量和养牛的经济效益，所以育成公牛培育应给予足够的重视。

1.种公牛的饲养

公牛的生长速度要比母牛快，而且饲养成本要相对高一些，所以公牛所需的营养物质也较多。育成公牛在日常饲养过程中特别需要以精饲料的形式提供能量，以达到加速生长和提高性欲的目的（图4-9、图4-10）。育成公牛的饲料应与成年公牛一样，尽可能地选用优质青干草、青草等质量好的饲料，不宜用酒糟、秸秆、菜籽饼、棉籽饼等饲料。

图4-9　后备种牛

图4-10　选育种牛

饲养育成公牛时应保证青粗饲料的品质，增加精饲料的饲喂量，以获得较高的日增重，并要防止形成"草腹"现象。10月龄时让其自由采食牧草、青贮草、青刈饲料或干草，作为日常饲料的主要部分，精饲料也要同时供给，具体饲喂量要依照粗饲料的质量和数量而定。若以饲喂青草为主时，精饲料的干物质比例为50∶45，若以饲喂干草为主时，其比例为60∶40。在利用优质豆科和禾本科牧草作为粗饲料的情况下，对于周岁公牛乃至成年公牛，精饲料中粗蛋白质的含量以12%左右为宜。冬春季节没有青草时，每天每头牛喂给0.5～1千克的胡萝卜以补充维生素的不足，日常饲料中的矿物质也要补足。

2.种公牛的管理

（1）穿鼻带环与牵引 为了便于管理和调教，育成公牛在10～12月龄时应穿鼻带环，用皮带拴最好，沿着公牛额部固定在角基下面；鼻环以不锈钢的最好，要经常检查，发现损坏要及时更换。牵引公牛时应注意左右两侧双绳牵引。对性子烈的公牛，需要引棒牵引。

扫一扫
观看"穿牛鼻环"
视频

（2）适量运动 适量运动可促进育成公牛的器官发育，促进新陈代谢，强壮肌肉，防止过于肥胖，提高性欲和精液质量。肉用公牛可不考虑人为运动，以避免营养消耗较大而影响育肥效果。种用公牛必须坚持运动，要求上午、下午各进行一次，每次运动1.5～2小时，行走距离约为2000米最好。运动的方式有旋转架运动、自由运动、驱赶运动等。运动量不足或长期拴系，会导致公牛性情暴躁，精液品质下降，而且容易患肢蹄疾病和消化道疾病等。但运动过度，也会对公牛的健康和精液品质造成不良影响，所以要掌握好育成牛的运动量（图4-11）。

图4-11 不同品种的公牛

（3）刷拭牛体　对育成牛要经常进行刷拭，最好每天刷拭一次，以保证牛体的清洁卫生和健康，同时也有利于人和牛亲和。

（4）按摩睾丸　按摩睾丸也可以提高育成公牛的精液品质，还可以增加精子数量，应每日按摩睾丸一次，每次5～10分钟，适当增加按摩次数和延长按摩时间。

（5）适时、适度采精　生长发育正常的育成公牛，可在18月龄时开始采精，但一定要控制采精频率，一般每周采精一次，两岁时转入正常采精，一般每周两次。

二、育成母牛饲养管理

育成牛瘤胃发育迅速。随着年龄的增长，瘤胃功能日趋完善，12月龄左右接近成年水平，正确的饲养方法有助于瘤胃功能的完善。此阶段是牛的骨骼、肌肉发育最快时期，体形变化大。6～9月龄时，卵巢上出现成熟卵泡，开始发情排卵，但不能过早配种。一般在18月龄左右，体重达到成年体重的70%时配种。

1. 育成母牛的饲养

育成牛的培育要求是保证小母牛正常生长发育和适时配种，育成母牛培育得好坏，直接影响其一生的生产性能，对肉牛业的发展至关重要。育成牛的饲养方式有小群饲养、大群饲养和放牧饲养。对于繁殖母牛养殖场，犊牛满6月龄后转入育成牛舍时，应分群饲养，应尽量把年龄、体重相近的牛分在一起，同一小群内体重的最大差别不应超过70～90千克，生产中一般按7～12月龄、13～18月龄、19月龄至配种前进行分群。

（1）4～6月龄　即刚断奶的犊牛，瘤胃机能还未健全，而生长发育速度较快，需要相应的营养物质，有条件者可采用颗粒饲料。日粮以易消化的优质青干草和犊牛精饲料为主。可采用的日粮配方：犊牛料1.5～2千克，青干草1.4～2.5千克或青贮料5～10千克。

（2）7～12月龄　为性成熟期，母牛性器官和第二性征发育很快。为了兼顾育成牛生长发育的营养需要并促进消化器官进一步发育完善，此期饲喂的粗料应选用优质青干草、青贮料，经加工处理后的农作物秸秆等可作为辅助粗饲料少量添加，同时还必须适当补充一些精饲料。一般日粮中干物质的75%应来源于青粗饲料，25%来源于精饲料。精饲料可参考如下配方：玉米46%、小麦麸31%、高粱5%、大麦5%、酵母粉4%、苜蓿粉3%、食盐2%、磷酸氢钙4%。日喂量：混合料2～2.5千克，青干草0.5～2千克，玉米青贮料1.5～2.5千克，秸秆类粗饲料自由采食。

（3）13～18月龄　一般情况下，利用好的干草、青贮料、半干青贮料就能满足母牛的营养需要，使日增重达到0.6～0.65千克，而可不喂精料或少喂精料（每头牛每日0.5～1.0千克）；但在优质青干草、多汁饲料不足和计划较高日增重的情况下，则必须每日每头牛加喂1.0～1.5千克精料混合料。混合料可参考如下配方。

① 玉米41%、豆饼26%、麦麸28%、尿素1%、食盐1%、预混料3%。

② 玉米33.7%、葵花饼25.3%、麦麸26%、高粱7.5%、碳酸钙3%、磷酸氢钙2.5%、食盐2%。

（4）19～24月龄　进入繁殖配种期。育成牛生长速度减小，体躯显著向深宽方向发展。日粮以优质干草、青草、青贮料和多汁饲料及氨化秸秆作为基本饲料，少喂或不喂精料，而到妊娠后期，由于胎儿生长发育迅速，需要较多营养物质，需每日补充2～3千克精饲料。如有放牧条件，应以放牧为主。在优质草地上放牧，精料可减少20%～40%。

2. 育成母牛的管理

（1）分群　育成牛断奶后根据年龄、体重情况进行分群。分群时，首先年龄和体格大小应该相近，月龄差异一般不应超过2个月，体重差异应低于30千克。

（2）穿鼻环　犊牛断奶后，在7～12月龄时应根据饲养以及将来的繁殖管理的需要适时进行穿鼻，并带上鼻环。鼻环应用不易生锈且坚固耐用的金属制成，穿鼻时应胆大心细，先将一长50～60厘米的粗铁丝的一端磨尖，将牛绑定好，一只手的两个手指摸在鼻中隔的最薄处，另一只手持铁丝用力穿透即可。

（3）加强运动　在舍饲条件下，青年牛每天应至少有2小时以上的运动。母牛一般采取自由运动；在放牧的条件下，运动时间一般足够。规模场的舍饲牛，要有一定的运动场所和时间，每天至少要有4小时以上的自由运动时间，以保障健康。加强育成牛的户外运动，可使其体壮胸阔，心肺发达，食欲旺盛。如果精料过多而运动不足，容易发胖，导致育成牛体短肉厚个子小，早熟早衰，利用年限短。

（4）刷拭和调教　为了保持牛体清洁，促进皮肤代谢和养成温驯的性格，育成牛每天应刷拭1～2次，每次5～10分钟，对青年母牛性情的培养是非常有益的。

（5）制订生长计划　根据肉牛不同品种和年龄的生长发育特点及饲草、饲料供应状况，确定不同日龄的日增重幅度，制订生长计划，一般在初生至初配，活重应增加10～11倍，2周岁时为12～13倍。

（6）青年母牛的初次配种　青年母牛何时初次配种，应根据母牛的年龄和发育情况而定。一般按18月龄初配，或按达成年牛体重70%时才开始初配。

（7）放牧管理　采用放牧饲养时，要严格把公牛分出单放，以避免偷配而影响牛群质量。对周岁内的小牛宜近牧或放牧于较好的草地上，冬、春季应采用舍饲。

第三节

繁殖母牛饲养管理

能繁母牛是我国畜牧业统计的词语，指已经达到生殖年龄（18月龄以上的母牛）、有生殖能力的母牛，不论是否配种受胎，均应算作能繁殖的母牛。能繁母牛也称基础母牛。繁殖母牛饲养管理的好坏，决定母牛和犊牛的健康以及母牛下胎产乳量的高低和犊牛生长发育的快慢。饲养繁殖母牛主要目的是为了繁育生产犊牛，繁殖是增加牛群数量和提高牛群质量的前提，是发展养牛生产的基础。繁殖母牛的营养需要包括维持、生长、繁殖和泌乳的需要，这些需要可以由粗饲料和青贮饲料满足。而母牛的不同生产阶段则要求相应的饲养管理条件。

一、妊娠期饲养管理

妊娠期母牛饲养管理的基础要求是体重增加、代谢增强、胚胎发育正常、犊牛初生重大、产后生命力强。孕期母牛的营养需要和胎儿生长有直接关系。妊娠前5个月胚胎生长发育较慢，不必为母牛增加营养。对怀孕母牛保持中上等膘情即可。胎儿增重主要在妊娠的最后3个月，此期的增重占犊牛初生重的70%～80%，需要从母体吸收大量营养。同时，母牛体内需蓄积一定养分，一般在母牛分娩前，至少要增重45～70千克，才能保证产后正常泌乳量和发情。怀孕最后的2～3个月，应进行重点补饲。对于头胎母牛，还要防止难产，尤其用大体形的牛改良小体形的牛，对妊娠后期的营养供给不可过量。

1.不同饲养方式母牛的饲养管理

（1）妊娠母牛的舍饲饲养　在没有放牧条件或禁牧的地区一般采取舍饲方式。这种饲喂方式能够做到按照人的意志合理地调节喂牛的草料量，易于做到按不同的牛给予不同的饲养条件，使牛群生长发育均匀；便于给牛创造一个合理的生产环境，以抵御恶劣自然条件的影响；易于实行机械化饲养，降低工人劳动强度，大幅度地提高生产效率。缺点是由于母牛的运动量小，体质不如放牧牛健壮，疾病发生率和难产率较放牧牛高一些。

日粮按以青粗饲料为主适当搭配精饲料的原则，参照饲养标准配合日粮。粗饲料以麦秸、稻草、玉米秸等干秸秆为主时，必须搭配优质豆科牧草，补饲饼粕类饲料，也可以用尿素代替部分饲料蛋白。根据膘情补加混合精料1～2千克，精料配方参考如下：玉米52%、饼类20%、麸皮25%、石粉1%、食盐1%、微量元素与维生素1%。

拴系饲养是传统的养牛方式，适合肉牛育肥，但不适合繁殖母牛，繁殖母牛应增设运动场。因为充足的运动可增强母牛体质，促进胎儿生长发育，并可降低难产率。

（2）妊娠母牛的放牧饲养　以放牧为主的母牛，放牧地离牛舍不应超过3000米。青草季节应尽量延长放牧时间，一般可不补饲。然而由于牧草中钾含量多而钠含量少，氯也不足，必须补充食盐，以免缺钠妨碍牛的正常生理功能。缺氯会降低真胃胃酸的分泌，影响消化。因此放牧牛群必须补盐。天天补盐效果最佳，可以在饮水处设矿物质舔食槽，或应用矿物质舔砖（固态矿物质补添剂），地区性缺乏的矿物质（如山区缺磷、沿海缺钙、内海缺钙，地区性缺铜、锌、铁、硒等）可按应补数量混入食盐中，最好混合制成舔砖应用，免得发生舔食过量。一般补盐量可按每100千克体重每天10克左右计算。

枯草季节，根据牧草质量和牛的营养需要确定补饲草料的种类和数量。特别是在怀孕最后的2～3个月，这时正值枯草期，应进行重点补饲，另外枯草期维生素A缺乏，注意补饲胡萝卜，每头每天补喂胡萝卜0.5～1.0千克或添加维生素A添加剂，另外日粮应满足蛋白质、能量饲料及矿物质的需要。精料补量视进食牧草等粗饲料的质量而异，通常每头每天1～2千克。精料参考配方：玉米50%、麦麸10%、豆饼30%、高粱7%、石粉2%、食盐1%，另加维生素A和微量元素。母牛产前15天停止放牧。

2. 妊娠期的饲养管理

配种后要及早判断母牛是否受孕，妊娠诊断的目的是为了确定母牛是否妊娠，以便对已受胎的母牛加强饲养管理做好保胎工作，对未妊娠者找出原因，及时补配或进行必要的处理，从而提高母牛的繁殖率。妊娠母牛管理的重点是做好保胎工作，预防各种流产或早产，保证安全分娩；在饲料条件较好时，应避免过肥和运动不足；在粗饲料较差时，做好补饲，保证营养供给。肉用母牛的妊娠期一般为270～290天，平均280天。一般分为妊娠前期、妊娠中期、妊娠后期和围产前期4个时期（图4-12、图4-13）。

图4-12　母牛人工授精

图4-13　受孕检测

（1）妊娠前期的饲养管理　妊娠前期是指妊娠后的1～13周（1～91天）的阶段。这一阶段，通过输精配种，精子和卵子结合发育成胚胎。此期胚胎发育较慢，母牛的腹围没有明显变化。母牛在妊娠初期，由于胎儿生长发育较慢，其营养需求较少，为此，对妊娠初期的母牛一般按空怀母牛一样进行饲养，以粗饲料为主，适当搭配少量精料。初孕青年母牛身体开始发胖，后部骨骼开始变宽，营养向胎儿和身体两个方面供给，精饲料每头日喂1～1.5千克，每天饲喂3次。

当母牛以放牧补饲饲养为主时，此期放牧一般可以满足母牛对营养的需要，放牧可以促进母牛生长，减少疾病发生，有利于胎儿发育。但在枯草期要补饲粗饲料和精料，补饲的粗饲料要多样化，防止单一化。有条件的每天补饲青贮玉米10～12千克，或块根饲料2～4千克，或干秸秆4～5千克，每天补饲2～3次。要定时、定量，避免浪费。补饲时采取先精后粗的次序进行。

牛舍要保持清洁、干燥，每天打扫卫生2～3次。床铺垫草，并且每天更换1次，每天刷拭牛体1～2次。

（2）妊娠中期的饲养管理　妊娠中期是指妊娠14～26周（92～182天）的阶段。这一阶段，胎儿发育加快，母牛腹围逐渐增大。营养除了维持母牛自身需要外，全部供给胎儿。应提高营养水平，满足胎儿的营养需要，为培育出优良健壮的犊牛提高物质基础，精饲料补饲要增加，每头日喂1.5～2千克，每天饲喂3次。保持放牧加补饲的饲养方式，尤其冬季要补饲青粗饲料和多汁饲料，供给充足的饮水；放牧时选择背风向阳的地方进行短暂休息。

重点是保胎，不要饲喂冰冻的饲料，冬季不饮用太凉的水，不刺激孕牛做剧烈运动或突然的活动。每天刷拭牛体的同时注意观察母牛有无异常变化。所用料桶和水桶每次用后刷洗干净，晾晒。饮水槽要定期刷洗，保持饮水清洁卫生。牛舍要保持清洁、干燥，通风良好，冬季注意保温。

（3）妊娠后期的饲养管理　妊娠后期是指妊娠27～38周（183～265天）的阶段。这一阶段是胎儿发育的高峰期，母牛的腹围粗大。胎儿吸吮的营养占日粮营养水平的70%～80%。妊娠最后2个月，母牛的营养直接影响胎儿生长和本身营养蓄积，如果长期低营养饲喂，母牛会消瘦并容易造成犊牛初生重低、母牛体弱和奶量不足，造成母牛易患产后瘫痪；若严重缺乏营养，会造成母牛流产。而高营养水平饲养，母牛因肥胖影响分娩（如难产、胎衣不下等）。所以这一时期要加强营养但要适量。

保持放牧补饲饲养，供给充足饮水。35周龄以后，缩短放牧时间，每天上午和下午各2小时。由于母牛身体笨重，行走缓慢，放牧距离应缩短。孕牛起卧时，让其自行起卧，禁止驱赶。舍饲时母牛精饲料每头日喂量2～2.5千克；38周龄开始，根据母牛的膘情适当减少精料用量。

由于胎儿增大挤压了瘤胃空间，母牛对粗饲料的采食相对降低，补饲的粗饲料应选择优质、消化率高的饲料，水分较多的饲料要减少用量；38周龄时，饲喂的多汁饲料要减量，主要提供优质的干草和精料。按时供给饮水，每天注意观察孕牛状况，发现异常，立即请兽医诊治。

（4）围产前期的饲养管理　围产前期指妊娠39～40周（266～280天），即分娩前2周。此时胎儿已经发育成熟，母牛腹围粗大，面临分娩，身体笨重。精料每头日喂量1.5～2.0千克，每天饲喂3次。每天坚持运动1～2小时，这样可有效预防难产和胎衣不下。查阅配种记录，计算预产期。预产期前5～10天，进行昼夜观察监护，同时做好分娩前的准备。在围产前期，以饲喂优质粗饲料为主，禁止饲喂玉米青贮料和块根等多汁饲料。

二、分娩期（即围产期）饲养管理

1. 产前准备

产前半个月，将母牛移入产房，由专人饲养和看护。产房应当清洁、干燥，墙壁及地面应消毒，准备接产需要的用具及药械、药品等。

接产人员应当受过接产训练，熟悉牛的分娩规律，严格遵守接产的操作规程及值班制度。分娩前应注意观察牛分娩预兆，以便做好接产准备；分娩时尤其要固定专人，并加强夜间值班制度。

发现临产征兆，估计分娩时间，准备接产工作。母牛在分娩前1～3天，食欲低下，消化功能较弱，此时要精心调配饲料，精料最好调制成粥状，特别要保证充足的饮水。

2. 分娩接产

从子宫颈充分张开至产出胎儿为止，一般持续3～4小时，初产牛一般持续时间长。此时母牛通常侧卧，四肢伸直，强烈努责，羊膜绒毛形成囊状突出阴门外，该囊破裂后，排出淡白色或微黄色的浓稠羊水，胎儿产出后，尿囊才开始破裂，流出黄褐色尿水。从胎儿产出到胎衣完全排出为止，一般需4～6小时。若超过12小时，胎衣仍未排出，即为胎衣不下，需及时采取措施。

接产的目的在于对母牛和胎儿进行观察，并在必要时加以帮助，实现母子平安。但应特别指出，接产工作一定要根据分娩的生理特点进行，不要过早过多地干预。接产工作应在严格消毒的原则下进行。注意观察母牛努责及产出过程是否正常。如果母牛努责、阵缩无力，或其他原因造成产仔滞缓，应迅速拉出胎儿，以免胎儿因氧气供应受阻，反射性吸入羊水，引起异物性肺炎或窒息。胎儿产出后，应立即将其口鼻内的羊水擦干，并观察呼吸是否正常。犊牛产出后，不久即试图站立，最初一般是站不起来的，应加以扶助，以防摔伤。同时，有条件时对母牛和新生犊牛注射破伤风抗毒素，以防感染破伤风。

母牛分娩后，由于大量失水，要立即喂母牛以温热、足量的麸皮盐水（麸皮1～2千克，盐100～150克，碳酸钙50～100克，温水15～20千克），可起到暖腹、充饥、增腹压的作用。同时喂给母牛优质、嫩软的干草1～2千克。为促进子宫恢复和恶露排出，还可补给益母草温热红糖水（益母草250克，水1500克，煎成水剂后，再加红糖1千克、水3千克），每日1次，连服2～3天。

分娩后阴门松弛，躺卧时黏膜外翻易接触地面，为避免感染，地面应保持清洁，垫草要勤换，母牛的后躯阴门及尾部应用消毒液清洗，以保持清洁，加强监护，随时观察恶露排出情况，观察阴门、乳房、乳头等部位是否有损伤。每日测1～2次体温，若有升高及时查明原因进行处理。

三、哺乳期饲养管理

哺乳母牛的主要任务是多产奶，以供犊牛哺食。对哺乳母牛的饲养管理要求是：有足够的泌乳量以满足犊牛生长发育的需要，提高哺乳期犊牛的日增重和断奶体重。母牛在哺乳期能量饲料的需要比妊娠牛高50%，蛋白质、钙、磷的需要量加倍，每产3千克含脂率4%的奶，约消耗1千克配合精饲料的营养物质。哺乳母牛的管理就是保证产犊后的泌乳，哺乳犊牛，及时恢复体况，发情配种，为下一个妊娠期做准备。

舍饲饲养时，在饲喂青贮玉米或氨化秸秆保证维持需要的基础上，补喂混合精料2～3千克，并补充矿物质及维生素添加剂。头胎泌乳的青年母牛除泌乳需要外，还需要继续生长，营养不足对繁殖力影响明显，所以，一定要饲喂优良的禾本科及豆科牧草，精料搭配多样化。

应根据体况和粗饲料的品质及供应情况确定精料喂量，一般情况下日补喂混合精料1～2千克，并补充矿物质及维生素添加剂，多供青绿多汁饲料。

精料参考配方1：玉米50%、熟豆饼（粕）10%、棉仁饼（或棉仁粕）5%、胡麻饼5%、花生饼3%、葵花籽饼4%、麸皮20%、磷酸钙1.5%、碳酸钙0.5%、食盐0.9%、微量元素和维生素添加剂0.1%。

精料参考配方2：玉米50%、熟豆饼（粕）20%、麸皮12%、玉米蛋白10%、酵母饲料5%、磷酸钙1.6%、碳酸钙0.4%、食盐0.9%、强化微量元素与维生素添加剂0.1%。

在此期间，应经常刷拭牛体，让其每天自由活动3～4小时，以增强母牛体质，增强食欲，保证正常发情，预防胎衣不下或难产以及肢蹄疾病，同时有利于维生素D的合成。加强母牛疾病防治，产后注意观察母牛的乳房、食欲、反刍、粪便，发现异常情况及时治疗。母牛在产后1个月左右，要用丙硫咪唑按25～30毫克/千克内服，驱杀体内寄生虫。

做好犊牛的断奶工作，断奶前后注意观察母牛是否发情，便于适时配种。配种后2个情期，还应观察母牛是否有返情现象。

四、空怀期饲养管理

肉牛空怀母牛的饲养管理主要是围绕提高受配率、受胎率，充分利用粗饲料，降低饲养成本而进行的。繁殖母牛在配种前应具有中等膘情，过肥或过瘦往往影响繁殖。精料饲喂过多而又运动不足，易使牛体过肥，造成不发情；在饲料缺乏、母牛瘦弱的情况下（即营养不良），也会引起母牛不发情而影响繁殖。因此，瘦弱母牛配种前1～2个月应加强饲养，适当补饲精料，提高受胎率。

1. 空怀母牛的饲养

舍饲空怀母牛的饲养以青粗饲料为主，适当搭配少量精料，当以低质秸秆为粗饲料时，应补饲1～2千克精料，改善母牛的膘情，力争在配种前达到中等膘情，同时注意食盐等矿物质、维生素的补充。母牛过肥则增加劳役量，多喂粗料和多汁饲料；过瘦则多补精料和青绿饲料，力争在配种前达到中等膘情。

以放牧为主的空怀母牛，放牧地离牛舍不应超过3000米。青草季节应尽量延长放牧时间，一般可不补饲，但必须补充食盐；枯草季节，要补饲干草3～4千克和1～2千克精料。实行先饮水后喂草，待牛吃到五六成饱后，喂给混合精料，再喂淡盐水，待牛休息15～20分钟后出牧，放牧回舍后给牛备足饮水和夜草，让牛自由饮水和采食。

2.空怀母牛的管理

母牛空怀的原因有先天和后天两方面。先天不孕一般是由于母牛发育异常，在育种工作中淘汰那些隐性基因的携带者即可解决。后天不孕主要是营养缺乏、饲养管理和使役不当及疫病所致。母牛空怀会给养牛者造成很大的经济损失，表现为受配受胎率低，饲养成本较高。成年母牛因饲养不当而造成不孕，在恢复正常营养水平后，大多能够自愈。母牛发情，应及时予以配种，防止漏配和失配。

空怀母牛的饲养管理主要是提高受配率、受胎率，充分利用粗饲料，降低饲养成本。繁殖母牛在配种前应具有中上等膘情，过瘦、过肥往往影响繁殖。在肉用母牛的饲养管理中，容易出现精料过多而又运动不足，造成母牛过肥而不发情。但在营养缺乏、母牛瘦弱的情况下，也会造成母牛不发情而影响繁殖。瘦弱母牛配种前1～2个月应加强饲养，适当补饲精料，保证维生素、微量元素满足需要，以提高受胎率（图4-14）。

图4-14　母牛饲养

另外，改善饲养管理条件，增加运动和光照可增强牛群体质，提高母牛的繁殖能力。牛舍内通风不良、空气污浊、夏季闷热、冬季寒冷、过度潮湿等恶劣环境极易危害牛体健康，敏感的个体很可能停止发情。因此，改善饲养管理条件、实施动物福利，在繁殖母牛的饲养管理中十分重要。

第四节
肉牛育肥技术

肉牛育肥的目的是科学应用饲草料和管理技术，以尽可能少的饲料消耗、较低的成本在较短的时间内获得尽可能高的日增重，提高出栏率，生产出大量的优质高档牛肉，获取最佳的经济效益。要使牛尽快育肥，给牛的营养物质必须高于正常生长发育需要，所以育肥又叫过量饲养。育肥就是必须使日粮中的营养成分高于牛本身维持正常生长所需的营养，使多余的营养以脂肪的形式沉积于体内，获得高于正常生长的日增重，缩短出栏年龄，达到育肥的目的。

肉牛育肥技术的核心是掌握和应用肉牛生长发育的基本规律。育肥技术的实质是利用牛的生长发育规律，充分发挥肉牛的生长发育和囤肥潜力。所有影响肉牛生长发育和囤肥的因素都是肉牛育肥技术研究的核心议题。

一、影响肉牛育肥效果的因素

1.遗传因素

不同品种，育肥期的增重速度是不一样的，肉牛的品种和品种间的杂交等都影响肉牛育肥效果。

专用肉牛品种比乳用牛、乳肉兼用牛和我国的黄牛等生长育肥速度快，特别是能进行早期育肥，提前出栏，饲料利用率、屠宰率和胴体净肉率高，肉的质量好。一般优良的肉用品种牛，育肥后的屠宰率为60%～65%，最高的可达68%～72%；肉乳兼用品种达62%以上，而一般乳用型荷斯坦牛只有35%～43%。

近年来，国外已广泛采用品种间经济杂交，利用杂交优势，能有效地提高肉牛的生产力。国外研究结果表明，两品种的杂交后代生长快，饲料利用率高，其产肉能力比纯种提高15%～20%。三品种杂交效果比两品种杂交更好，所得杂交后代的早熟性以及生长发育速度均比纯种牛高。

我国利用国外优良肉牛品种的公牛与我国黄牛杂交，杂交后代的杂种优势使生长速度和肉的品质都得到了很大提高。杂交改良牛初生重明显增加，各阶段生长速度显著提高，经测定，几种杂交改良二代牛的初生重比本地黄牛提高21.33%～68.62%，18月龄体重提高20.82%～61.47%，24月龄体重提高14.08%～40.79%。黄牛经过杂交改良，体形明显增大，随着杂交代数的提高，体形逐步向父本类型过渡。经过大量试验表明，西杂改良种不但产奶量提高，而且乳质好；西杂牛、夏杂牛、利杂牛等改良种，肉用性能显著提高，屠宰率、净肉率和眼肌面积增加，肌肉丰满，仍保持了中国黄牛肉的多汁、口感好及风味可口等特点。

（1）西杂牛（西门塔尔牛与本地牛杂交后代） 毛色以黄（红）白花为主，花斑分布随着代数增加而趋整齐，体躯深宽高大，结构匀称，体质结实，肌肉发达；乳房发育良好，体形向乳肉兼用型方面发展。

（2）利杂牛（利木赞牛与本地牛杂交后代） 毛色黄色或红色，体躯较长，背腰平直，后躯发育良好，肌肉发达，四肢稍短，呈肉用型。

（3）夏杂牛（夏洛莱牛与本地牛杂交后代） 毛色为草白或灰白，有的呈黄色（或奶油白色），体形增大，背腰宽平，臀、股、胸肌发达，四肢粗壮，体质结实，呈肉用型。

（4）黑杂牛（荷斯坦牛与本地牛杂交后代） 毛色以全黑到大小不等的黑白花片，体躯高大、细致，生长快速，杂交三代牛呈乳用牛体形，趋于纯种奶牛。

另外还有短角牛、安格斯牛等与本地牛杂交的改良牛，体形结构都较本地黄牛有明显改进。用皮埃蒙特公牛与西杂一代母牛进行三元杂交后，杂交后代背宽，后躯丰满，增重快，321天体重达到415千克，得到了普遍认可。

2.生理因素

年龄和性别等生理因素对肉牛生产力有一定影响。

（1）年龄因素　肉牛的增重与饲料转化率和年龄关系很大，见表4-1。一般地讲，年龄越大增重越缓慢，饲料报酬越低。幼龄牛的增重以肌肉、内脏、骨骼为主，而成年牛的增重除增长肌肉外，主要是沉积脂肪。肉牛在出生第1年增重最快，第2年增重速度仅为第1年的70%，第3年的增重仅为第2年的50%。故国外一般肉牛多在1.5岁左右屠宰，最迟不超过2岁屠宰。根据各地经验，我国地方品种牛成熟较晚，一般1.5～2岁增重较快，故在2岁左右屠宰。过晚屠宰，肉的品质下降，饲料转化率低，成本提高。

表4-1　肉牛增重比例表

牛年龄	头数/头	平均活重/千克	生后日增重/千克	育肥全期总增重/千克	育肥全期日增重/千克
1岁以下	30	345	1.09	354	1.19
1～2岁	152	606	0.99	252	0.799
2～3岁	145	744	0.79	138	0.442
3岁以上	133	880	0.69	136	0.395

不同生长阶段的牛，在育肥期间所需要的营养水平不同。幼牛正处于生长发育旺盛阶段，增重的重要部分是骨肌、肌肉和内脏，所以日粮中蛋白质的含量应当高一些。成年牛在育肥阶段增重的主要部分是脂肪，所以日粮中蛋白质的含量可相对低些，而能量则高些。饲料利用率随年龄的增长和体重的增大而呈下降趋势，一般年龄越大，每千克增重消耗的饲料也越多。在同一品种内，牛肉品质

和出栏体重有非常密切的关系，出栏体重小的往往不如出栏重大的牛。

（2）性别因素　性别影响牛的育肥速度，在同样的饲养条件下，以公牛生长最快，阉牛次之，母牛最慢，在相同的育肥条件下，公牛比阉牛的增重速度快10%，阉牛比母牛的增重速度快10%，这是因为公牛体内性激素——睾酮含量高的缘故。因此，如果在24月龄以内育肥出栏的公牛，以不去势为好。牛的性别影响肉的质量，一般来说，公牛比阉牛、母牛具有较多的瘦肉，肉色鲜艳，风味醇厚，较高的屠宰率和较大的眼肌面积，经济效益高；母牛肌纤维细，结缔组织较少，肉味亦好，容易育肥；而阉牛胴体则有较多的脂肪（图4-15、图4-16）。

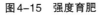

图4-15　强度育肥　　　　　　图4-16　散栏饲养

3.环境因素

环境因素包括饲料条件、营养水平、环境温度等。环境因素对肉牛生产能力的影响占70%。

（1）饲料条件　饲料是改善牛肉品质，提高牛肉产量的最重要因素。日粮营养是转化为牛肉的物质基础，恰当的营养水平与牛体生长发育规律的有机结合，能使育肥肉牛提高产肉量，并获得品质优良的牛肉。饲料搭配得科学与否决定了肉牛的产肉率以及产肉的质量，所以饲料配比的科学性问题在一定程度上决定了饲养肉牛的效益。只有科学合理地搭配粗饲料与精料，才能满足肉牛生长、育肥的营养需求，才能最大限度地发挥其生产性能。

在肉牛的育肥阶段，精饲料可以提高牛胴体脂肪含量，提高牛肉的等级，改善牛肉风味。粗饲料在育肥前期可锻炼胃肠功能，预防疾病的发生，这主要是由于牛在采食粗饲料时，能增加唾液分泌并使牛的瘤胃微生物大量繁殖，使肉牛处于正常的生理状态，另外，由于粗饲料可消化养分含量低，可有效防止血糖过高，低血糖可刺激牛分泌生长激素，从而促进生长发育。一般肉牛育肥阶段日粮的精、粗饲料比例建议为：前期粗饲料为55%～65%，精饲料为45%～35%；中期粗饲料为45%，精饲料为55%；后期粗饲料为15%～25%，精饲料为85%～75%。

（2）营养水平　采用不同的营养水平，增重效果不同。

表4-2　肉牛育肥不同阶段增重效果

营养水平	试验牛头数/头	育肥天数/天	始重/千克	前期末重/千克	后期终重/千克	前期日增重/千克	后期日增重/千克	全期日增重/千克
高高型	8	394	284.5	482.6	605.1	0.94	0.68	0.81
中高型	11	387	275.7	443.4	605.5	0.75	0.99	0.86
低高型	7	392	283.7	400.1	604.6	0.55	1.13	0.82

由表4-2看出，育肥前期采用高营养水平时，虽然前期日增重提高，但持续时间不会很长，因此，当继续高营养水平饲养时，增重反而降低；育肥前期采用低营养水平，前期虽增重较低，但当采用高营养水平时，增重提高；从育肥全程的日增重和饲养天数综合比较，育肥前期，营养水平不宜过高，肉牛育肥期的营养类型以中高型较为理想。

（3）饲料添加剂　使用适当的饲料添加剂可使肉牛增重速度提高，如脲酶抑制剂、瘤胃调控剂、瘤胃素等。

（4）饲料形状　饲料的不同形状，饲喂肉牛的效果不同。一般来说颗粒料的效果优于粉状料，使日增重明显增加。精料粉碎不宜过细，粗饲料以切短利用效果较好（图4-17、图4-18）。

图4-17 青贮料制作

图4-18 干草

图4-19 肉牛育肥牛舍

（5）环境温度 环境温度影响肉牛育肥的增重效果。研究表明，最适气温为10～21℃，气温低于7℃，牛体产热量增加，维持需要增加，要消耗较多的饲料，肉牛的采食量增加2%～25%；环境温度高于27℃，牛的采食量降低3%～35%，增重降低。在温暖环境中反刍动物利用粗饲料能力增强，而在较低温度时消化能力下降。在低温环境下，肉犊牛比成年肉牛更易受温度影响。空气湿度也会影响牛的育肥，因为湿度会影响牛对温度的感受性，尤其是低温和高温条件下，高湿会加剧低温和高温对牛的危害。

总之，不适合肉牛生长的恶劣环境和气候对肉牛育肥效果有较大影响，所以，在冬、夏季节要注意保暖和降温，为肉牛创造良好的生活和生产环境（图4-19）。

4.饲养管理因素

（1）保证饲料质量，提高饲料适口性，饲料应多样化，饲料要新鲜、无异物、无泥沙、无霉烂变质，更换饲料要逐渐过渡。

（2）肉牛强度育肥，当肉牛出现厌食时，加喂优质、适口性好的青饲草，恢复胃的功能。

（3）延长饲喂时间，围栏群饲时，可让牛自由采食和饮水；拴系舍饲时，可增加牛的饲喂次数和饮水次数，少喂，勤添。

（4）保持安静环境，避免牛群受惊吓，尽量减少牛的运动量，降低能量消耗。

（5）防止酸中毒，保持胃肠正常生理功能，高精料日粮容易发生精料酸中毒，出现腹泻现象，预防的主要办法是日粮早晚要保持适当比例的粗饲料，日粮中添加适当的碳酸氢钠，可以预防精料过多的酸中毒。

（6）应保持良好的卫生状况和环境条件，育肥前进行驱虫和疫病防治，经常刷拭牛体，保持体表干净等。

二、育肥肉牛的一般饲养管理原则

1. 育肥预备期的管理

育肥预备期主要指刚进育肥场的肉牛，经过长距离、长时间运输进行异地育肥的架子牛，进入育肥场后要经过饲料种类和数量的变化，尤其从远地运进的异地育肥牛，胃肠食物少，体内严重缺水，应激反应大，因此需要有一个适应期。在适应期，应对入场牛隔离观察饲养。注意牛的精神状态、采食及粪尿情况，如发现异常现象，要及时诊治。

（1）饮水　新引入的牛（即刚下车的牛）第 1 次饮水应限制水量，不宜暴饮。如果每头牛同时供给人工盐 100 克，则效果更好。一般在第 1 次饮水 3～4 小时后，可实行自由饮水。

（2）饲喂　当牛饮水后，便可饲喂优质干草。第 1 天应限量饲喂，按每头牛 4～5 千克，第 2～3 天逐渐增加饲喂量，第 5～6 天后才能让其自由充分采食。青贮料从第 2～3 天起饲喂。精料从第

5～7天起开始供给，应逐渐增加。体重250千克以下的牛，每日增加精料量不超过0.3千克，体重350千克以上的牛，每日增加精料量不超过0.5千克，直到完全采用育肥日粮。适应期一般15～20天，最低应有15天的过渡期。

（3）驱虫　体外寄生虫可使牛采食量减少，抑制增重，育肥期延长。体内寄生虫会吸收肠道食糜中的营养物质，影响育肥牛的生长和育肥效果。一般可选用阿维菌素，一次用药同时驱杀体内外多种寄生虫。驱虫可从牛入场的第5～6天进行，驱虫3天后，每头牛口服健胃散350～400克健胃。对饲养期较长的牛，可间隔2～3个月再进行一次驱虫，如是秋天购牛，还应注射倍硫磷，以防治牛皮蝇。

（4）分群　适应期临结束时，按牛年龄、品种、体重分群，目的是为了使育肥达到更好的效果，分群一般在临近夜晚时进行较容易成功，分群当晚应有管理人员不时地到牛舍查看，如有格斗现象，应及时处理。

2.肉牛育肥期的饲养管理

（1）减少活动　对于育肥牛在育肥期应减少活动，对于放牧育肥牛尽量减少运动量，对于舍饲育肥牛，每次喂完后应单头拴系或圈入休息栏内，拴系牛缰绳的长度以牛能够自由起卧为宜，这样可以减少营养物质的消耗，提高育肥效果。

（2）坚持"五定""五看""五净"原则　"五定"，即 ① 定时：即定时饲喂，形成良好的条件反射。若实行一日两次饲喂规程，则每天上午7～9时，下午6～8时各喂1次，间隔9小时。若采用一日三次饲喂法，则早上5～7时、下午1～3时、晚上8～10时定时饲喂。不能忽早忽晚。一日定时饮水3次，或者采食后自由饮水。② 定量：即每天的喂量特别是精料量按每100千克体重喂精料1～1.5千克，不能随意增加。③ 定人：每头牛的饲喂等日常管理要固定专人，以便及时了解每头牛的采食情况和健康状况，并避免产生应激。④ 定刷拭：每天上午、下午定时给牛体刷拭一次，以促进血液循环，增进食欲。⑤ 定期称重：为了及时了解育肥效果，定期称重很有必要。牛进场时应首先称重，按体重大小分群，便于饲养管理，在育肥期也要定期称重。由于牛采食量大，为了避免称量误差，应在早晨空腹称重，最好连续称2天取平均数。

扫一扫
观看"牛体尺测量"
视频

"五看"，即每天应对牛群进行详细观察，看采食、看饮水、看粪尿、看反刍、看精神状态，用以掌握牛群的健康状况。

"五净"，即①草料净：饲草、饲料不含沙石、泥土、铁钉、铁丝、塑料布等异物，不发霉、不变质，不含有毒有害物质。②饲槽净：牛下槽后及时清扫饲槽，防止草料残渣在槽内发霉变质或产生异味。③饮水净：注意饮水卫生，避免有毒有害物质污染饮水。④牛体净：经常刷拭牛体，保持体表卫生，防止体外寄生虫病的发生。⑤圈舍净：圈舍要勤打扫、勤除粪，牛床要干燥，保持舍内空气清洁、冬暖夏凉。

（3）牛舍及设备　缰绳、围栏等易损品，要经常检修、及时更换。牛舍在建筑上不一定要求造价很高，但应防雨、防雪、防晒、冬暖夏凉（图4-20）。

图4-20　肉牛育肥

3.育肥肉牛的选择

根据肉牛育肥的目的，对育肥牛从品种、年龄、外貌等多方面进行选择，有利于降低育肥过程的生产成本，提高生产效率和效益。

（1）品种选择　品种选择总的原则是基于我国目前的市场条件，以生产产品的类型、可利用饲料资源状况和饲养技术水平为出发点。

育肥牛应选择生产性能高的肉用型品种牛，不同的品种，增重速度不一样，供作育肥的牛以专门肉牛品种最好。由于目前我国的优良专门肉用牛品种较少，因而肉牛育肥应首选肉用杂交改良牛，即用国外优良肉牛父本与我国黄牛杂交繁殖的后代。生产性能较好的杂交组合有：夏洛莱牛与本地牛杂交后代，短角牛与本地牛杂交改良后代，西门塔尔牛与本地牛杂交改良后代，利木赞牛改良后代等，其特点是体形大、增重快、成熟早、肉质好。

如以生产小牛肉和小白牛肉为目的，应尽量选择早期生长发育速度快的牛品种。因此，肉用牛的杂交公犊和淘汰母犊是生产小牛肉的最好选材。在国外，奶牛公犊也是被广泛利用生产小牛肉的原材料之一。目前，在我国专门化肉牛品种缺乏的条件下，应以选择黑白花奶牛公犊和西门塔尔高代杂种公犊牛为主，利用奶公犊前期生长快、育肥成本低的优势，以利于组织生产。犊牛以选择公犊牛为佳，因为公犊牛生长快，可以提高牛肉生产率和经济效益。

如进行架子牛育肥，应选择国外优良肉牛父本与我国黄牛杂交繁殖的后代，因为在相同的饲养管理条件下，杂种牛的增重、饲料转化率和产肉性能都要优于我国地方黄牛。

如以生产高档牛肉为目的，则除选择国外优良肉牛品种与我国黄牛杂交种外，也可选择我国的优良黄牛品种（如秦川牛、鲁西牛、南阳牛、晋南牛等），而不用回交牛和非优良的地方牛种。国内优良黄牛品种的特点是体形较大、肉质好，其不足是增重速度慢、育肥期较长。用于生产高档优质牛肉的牛一般要求是阉牛，因为阉牛的胴体等级高于公牛，而阉牛又比母牛的生长速度快。

（2）年龄选择　年龄对牛育肥的影响主要表现在增重速度、增

高效养牛全彩图解＋视频示范

重效率、育肥期长短、饲料消耗量和牛肉质量的不同。一般情况下，肉牛在第1年生长最快，第2年次之，年龄越接近成熟期则生长速度越慢。年龄越大，每千克增重所消耗的饲料也越多。老年牛肉质粗硬、少汁，肉质、肉量、口感均不及幼年牛。所以，牛的育肥大多选择在牛2岁以内，最迟也不超过36月龄，即能适合不同的饲养管理，易于生产出高档和优质牛肉，在市场出售时较老年牛有利。从经济角度出发，购买犊牛的费用较一两岁牛低，但犊牛育肥期较长，对饲料质量要求较高。饲养犊牛的设备也较架子牛条件高，投资大。综合计算，购买犊牛不如购一两岁的架子牛经济效益高。

到底购买哪种年龄的育肥牛，主要应根据生产条件、投资能力和产品销售渠道考虑。以生产小牛肉或小白牛肉为目的，需要的犊牛应自己培育或建立供育肥犊牛的繁育基地。体重一般要求初生重在35千克以上，健康无病，无缺损。以短期育肥为目的，计划饲养3～6个月，则应选择1.5～3岁的育成架子牛和成年牛，不宜选购犊牛、生长牛。对于架子牛年龄和体重的选择，应根据生产计划和架子牛来源而定。目前，在我国广大农牧区较粗放的饲养管理条件下，1.5～2岁肉用杂种牛体重多在250～300千克，2～3岁牛多在300～400千克，3～5岁牛多在350～400千克。如果实行3个月短期快速育肥，最好选体重150～400千克的架子牛，而采用6个月育肥期，则以选购年龄1.5～2.5岁、体重在300千克左右的架子牛为佳，需要注意的是，能满足高档牛肉的生产条件是12～24月龄架子牛，一般牛年龄超过3岁，就不能生产出高档牛肉，优质牛肉块的比例会降低。

在秋天收购架子牛育肥，第2年出栏，应选购1岁左右牛，而不宜购大牛，因为大牛冬季用于维持饲料多，相对不经济。

（3）体形外貌选择　体形外貌是体躯结构的外部表现，在一定程度上反映牛的生产性能，选择的育肥牛要符合肉用牛的一般体形外貌特征。

从整体上看，应体形大、脊背宽、生长发育好、健康无病。不论侧望、上望、前望和后望，体躯应呈"矩形"（即长方形），体躯低垂，皮薄骨细，紧凑而匀称，皮肤松软，有弹性，被毛密而有光亮。从局部来看，口大，鼻镜宽，眼明亮，前驱要求头较宽而颈粗短，胸宽而丰满，突出于两前肢之间。肋骨弯曲度大；鬐甲宜宽厚，与背腰在一直线上，背腰平直、宽广，臀部丰满且深，四肢正立，两腿宽而深厚，坐骨端距离宽。

应避免选择有如下缺点的牛：头粗而平，颈细长，胸窄，前胸松弛，背线凹，严重斜尻，后腿不丰满，中腹下垂，后腹上收，四肢弯曲无力，"O"形腿和"X"形腿，站立不正等。

4.肉牛育肥方法与技术

肉牛的育肥根据肉牛不同的生理阶段和生产目的有不同的方法。采取哪种方法育肥，应根据不同育肥场各自的生产情况和市场需求，确定自己的育肥方式，但无论采用哪种方式育肥，肉牛所用的饮水应符合《无公害食品　畜禽饮用水水质（NY 5027—2001）》，并严格遵循《饲料和饲料添加剂管理条例》有关规定。只有肉牛实行规范化、标准化生产，牛肉产品质量才能达到标准。

按照营养供给的模式，肉牛的育肥生产有2种截然不同的育肥技术：一种是根据生长和增重的营养需要平衡供给，称为直线育肥，也称持续育肥技术；另一种是由于季节、饲料资源等原因无法做到直线供给，采用叠浪式，即某一时间段无法按照正常生长需要供给而使增重受到一定的控制，称为后期集中育肥技术，也称为架子牛育肥技术。

（1）直线育肥技术（即持续育肥技术）　持续育肥是指犊牛断奶后，保持均衡营养供给，进入生长和育肥阶段进行饲养，直至出栏。持续育肥由于在饲料利用率较高的生长阶段保持较高的增重，缩短了生产周期，较好地提高了出栏率，故总效率较高，生产的牛肉肉质鲜嫩，改善了肉质，满足市场优质高档牛肉的需求。是值得推广的一种方法。

① 舍饲持续育肥技术　持续育肥应选择肉用良种牛或其改良牛，在犊牛阶段采取较合理的饲养，使其平均日增重达到0.8～0.9

千克，180日龄体重达到200千克进入育肥期，按日增重大于1.2千克配制日粮，到12月龄时体重达到450千克。可充分利用随母哺乳或人工哺乳：0～30日龄，每日每头全乳喂量6～7千克；31～60日龄，8千克；61～90日龄，7千克；91～120日龄，4千克。在0～90日龄，犊牛自由采食配合饲料（玉米63%、豆饼24%、麦麸10%、磷酸氢钙1.5%、食盐1%、小苏打0.5%）。此外，每千克精料中加维生素A0.5万～1万单位，91～180日龄，每日每头牛喂配合饲料1.2～2.0千克；181日龄进入育肥期，按体重的1.5%喂配合精料，粗饲料自由采食。

a.育肥期日粮精、粗饲料。粗饲料为青贮玉米秸、谷草；精料为玉米、麦麸、豆粕、棉粕、石粉、食盐、碳酸氢钙、微量元素和维生素预混料。

7～10月龄育肥阶段，其中，7～8月龄目标日增重0.8千克；9～10月龄目标日增重1千克；11～14月龄育肥阶段，目标日增重1千克。15～18月龄育肥阶段，其中，15～16月龄目标日增重1.0千克；17～18月龄目标日增重1.2千克。

b.管理技术。育肥舍消毒：育肥牛转入育肥舍前，对育肥舍地面、墙壁用2%火碱溶液喷洒，器具用1%新洁尔灭溶液或0.1%高锰酸钾溶液消毒。饲养用具也要经常洗刷消毒。

防寒、防暑：可采用规范化育肥舍或塑料薄膜暖棚舍，舍温以保持在6～25℃为宜，确保冬暖夏凉。当夏季气温高于30℃以上时，应采取以下防暑降温措施。

防止太阳辐射：该措施主要集中于牛舍的屋顶隔热和遮阳，包括加厚隔热层，选用保温隔热材料，瓦面刷白反射辐射等。

增加散热：舍内管理措施包括吹风、牛体淋水、饮冷水、喷雾、洒水以及蒸发垫降温。牛舍内安装电扇，加强通风，能加快空气对流和蒸发散热。在饲槽上方安装淋浴系统，采用距牛背1米高处喷雾形式，提高蒸发和传导散热。据报道，电扇和喷雾结合使用效果较好。

当冬季气温低于4℃以下时，扣上双层塑料薄膜，可提高舍温，但要注意通风换气，及时排出氨气、一氧化碳等有害气体。

c.定槽定位。按牛体由大到小的顺序拴系、定槽、定位，细绳以40～60厘米为宜。

d.驱虫。犊牛断奶后驱虫1次，10～12月龄再驱虫1次。驱虫药可选用虫克星或左旋咪唑或阿维菌素。

e.刷拭牛体。日常每日刷拭牛体1～2次，以促进血液循环，增进食欲，保持牛体卫生。育肥牛要按时搞好疫病防治，经常观察牛采食、饮水和反刍情况，发现病情及时治疗。

育肥牛采用拴系饲养，每天舍外拴系，上槽饲喂及晚间入舍，日喂2次，上午6时、下午6时，每次喂后及中午饮水。

② 放牧与舍饲相结合的持续育肥技术　在有放牧条件的地区，夏季水草茂盛，可采用放牧育肥方式。当温度超过30℃时，要注意防暑降温，可采取夜间放牧的方式，提高采食量，增加经济效益。春、秋季应白天放牧，夜间补饲一定量的青贮、氨化、微贮秸秆等粗饲料和少量精料。冬季要补充一定的精料，适当增加能量饲料，提高肉牛的防寒能力，降低能量在基础代谢上的比例。

放牧加补饲持续育肥技术在牧草条件较好的牧区，犊牛断奶后，以放牧为主，根据草场情况，适当补充精料或干草，使其在18月龄体重达400千克。要实现这一目标，犊牛在哺乳阶段，平均日增重应达到0.9～1.0千克，冬季日增重保持0.4～0.6千克，第二个夏季日增重在0.9千克。在枯草季节，对育肥牛每天每头补喂精料1～2千克。放牧时应做到合理分群，每群50头左右，分群轮牧。我国1头体重120～150千克的牛需1.5～2公顷的草场，放牧育肥时间一般在5～11月份，放牧时要注意牛的休息、饮水和补盐。夏季防暑，狠抓秋膘（图4-21）。

③ 放牧—舍饲—放牧持续育肥技术　放牧—舍饲—放牧持续育肥技术适用于9～11月份出生的秋产犊牛。犊牛出生后随母牛哺乳或人工哺乳，哺乳期日增重0.6千克，断奶时体重达到70千克。断奶后以喂粗饲料为主，进行冬季舍饲，自由采食青贮料或干草，日喂精料不超过2千克，平均日增重0.9千克。到6月龄体重达到180

图4-21　放牧与舍饲结合

千克。然后在优良牧草地放牧（此时正值4～10月份），要求平均日增重保持0.8千克，到12月龄可达到325千克。转入舍饲，自由采食青贮料或青干草，日喂精料2～5千克，平均日增重0.9千克，到18月龄，体重达490千克左右出栏，是半农半牧区或山川丘陵地区一种经济有效的育肥方法。

（2）架子牛育肥技术（即后期集中育肥技术）　架子牛育肥主要利用了肉牛补偿生长的规律，是我国目前肉牛生产的主要形式，具有良好的经济效益，它为市场提供大量优质牛肉，丰富肉品市场，提高了养牛的效益。架子牛育肥周期短、见效快，可以充分利用青粗饲料和食品加工副产品资源，促进农牧业的种植—养殖良性循环。

将牧区未经育肥的架子牛（体重300千克以上）转移到精料条件较好的农区及城郊地区进行育肥，可以充分利用农区的农副产品和作物秸秆。架子牛刚运到育肥场后应有10～15天的过渡饲养，前几天只喂粗料，适当加盐调节肠胃功能，以后逐渐加料，驱虫，一般15天后进入正式育肥期。育肥期为了减少肉牛活动，采取单头拴系饲养。

① 架子牛育肥的饲养管理

a.架子牛的选购。选购的架子牛应是优良肉用品种（如夏洛莱牛、西门塔尔牛、海福特牛、利木赞牛、皮埃蒙特牛、安格斯牛等与当地黄牛杂交的改良牛）。牛的增重速度、胴体质量、活重、饲料利用率等都和牛的年龄有非常密切的关系，因此，选购的架子牛应为1～2岁，体重300～400千克，健康无病，体形外貌发育良好的未去势的小公牛。

b.健康牛的特征。鼻镜湿润、双目明亮、眼大、双耳灵活、行动自然、被毛光亮，皮肤富有弹性；口大而方、食欲旺盛、反刍正常、体形大、采食量大、胸深且宽、身躯长、四肢粗壮、强健有力。

c.架子牛的科学管理。牛舍在进牛前用20%的生石灰或来苏尔消毒，门口设消毒池，以防病菌带入。牛体消毒用0.3%的过氧乙酸消毒液逐头进行一次喷体。在饲养方面不喂腐败变质饲料。更换饲料要有过渡期，以免影响增重。日粮中加喂尿素时，一定要与精料拌匀，且不宜喂后立即饮水，一般要间隔1小时后再饮水。用酒糟喂牛时，温度不可太低，且要运回后立即饲喂，不宜搁置太久。用氨化秸秆喂牛时要先放氨，以免影响牛的食欲和消化。

② 架子牛的饲养技术

a.日粮配合原则。日粮所含养分能满足肉牛的营养需要，一般应达到饲养标准所规定的要求，在具体肉牛生产应用中，根据生产性能、环境因素（温度）等进行必要调整。要求所选饲料的品质优良，适口性好，严禁采用发霉变质饲料原料。充分利用当地成本低廉、资源丰富且能长期稳定供应的饲料。配制饲料时应选用多种饲料原料，以达到养分互补，提高饲料利用率的效果。

b.日粮配合方法。肉牛日粮配合是按每头育肥牛每日营养需要量来配合的，主要依据牛体重的大小、日增重和饲料的品种和特性。首先按肉牛饲养标准查营养需要表，进而计算出每日进食粗饲料的营养成分，重点考虑满足能量需要，然后搭配蛋白质补充料，以满足蛋白质需要，其次选用矿物质饲料，补充矿物质的不足，最后定出饲料配方。

c.阶段饲养法。根据肉牛生长发育特点及营养需要，架子牛从异地到育肥场后，多采用分阶段饲养法。即把120～150天的育肥饲养期分为过渡期和催肥期两个阶段。

过渡期亦即观察、适应期：一般10～20天，因运输、草料、气候、环境的变化会引起牛体一系列生理反应，通过科学调理，使其适应新的饲养管理环境，前1～2天不喂精料，只供给少量干草和饮水，适量加盐以调理胃肠，增进食欲；随后日渐增加粗饲料的供给量，适当补喂少量精饲料。第二周开始逐渐增加精饲料供给量，每天可喂给1～2千克玉米粉或麸皮，过渡期结束后，再由粗饲料转为精料。

催肥期亦即育肥期：采用高精料日粮进行强度育肥，催肥期1～30天，日粮中精料比例可达到45%～55%，粗蛋白质水平保持在13%；31～60天，日粮中精料比例提高到60%～65%，粗蛋白质水平降为11%；61天至出栏，日粮中营养浓度进一步提高，精饲料比例达到70%～80%，蛋白质含量为10%。此外，在肉牛饲料中可加入肉牛添加剂，占日粮的1%。同时粗饲料应进行加工处理，如麦秸经氨化处理，玉米秸经青贮或微贮之后饲喂。

d.不同季节应采用不同的技术措施。夏季饲养：酷暑季节，气温过高，肉牛食欲下降，增重缓慢。肉牛适宜的环境温度为8～20℃，在这一温度下，牛的增重速度较快。因此夏季育肥时应注意适当提高日粮的营养浓度，延长饲喂时间。在气温达30℃以上时，应采取防暑降温措施。

冬季饲养：在冬季应给牛加喂能量饲料，提高肉牛防寒能力。不饲喂带冰的饲料和饮用冰冷的水。气温下降到5℃以下时，应采取防寒保温措施（图4-22）。

图4-22 架子牛饲养

三、高档牛肉生产技术

高档优质牛肉生产，是指利用精挑细选的育肥架子牛，通过调整饲养过程和阶段，强化育肥饲养管理来生产高档优质牛肉的技术。由于是通过育肥过程来生产高档优质牛肉，因此，对架子牛的品种、类型、年龄、体重、性别和育肥饲养过程的要求都比较严格，只有这样，才能保证高档优质牛肉生产的成功。另外，为了保证高档优质牛肉生产所需育肥架子牛的质量，专门化育肥场应建立自己稳定的育肥架子牛生产供应基地，并对架子牛的生产进行规范化饲养管理指导。有条件的肉牛生产企业，则应自己进行育肥架子牛培育、育肥生产过程和肉牛出栏后的屠宰加工和产品销售，以保证高档优质牛肉的出产率和生产的经济效益。

高档肉牛及生产高档牛肉的牛，它在嫩度、风味、多汁性等主要指标上，均需达到规定的等级标准。高档牛肉主要指肉牛胴体上的里、外眼肌和臀肉、短腰肉4部分。这4部分肉的重量占肉牛活重的5%～6%，即育肥牛宰前重为500千克时，这4部分高档牛肉有25～30千克。生产高档牛肉的牛的年龄为18～24月龄，膘情为满膘，屠宰活重在450千克以上，超过30月龄牛不宜育肥生产高档牛肉，在育肥实践上，宜改3个月的短期育肥为更长时间，才能生产出更多高档牛肉。

因此高档肉牛育肥技术的关键是：①严格控制年龄。育肥牛要求挑选6月龄断奶的犊牛，体重180千克以上，育肥到18～24月龄或更长时间屠宰。②严格要求屠宰体重，即活重出栏体重达到500千克以上，屠宰体重600千克以上更好，尤以阉牛最好。③选择优良品种，育肥高档肉牛挑选杂交牛，选用我国优良的地方品种牛，也可以生产出高档牛肉。④加强科学规范化饲养管理，按增重要求设计日粮，育肥要采用舍饲。⑤高档牛肉的生产与肉牛性别关系密切，只有阉公牛才能生产出质量好、价格高的牛肉。

高档牛肉占牛胴体的比例最高可达12%，高档和优质牛肉合计占牛胴体的比例可达到45%～50%。高档优质牛肉售价高，因此，提高高档优质牛肉的出产率可大大提高饲养肉牛的生产效益。如我国地方良种黄牛每头育肥牛生产的高档牛肉不到其产肉量的5%，但产值却占整个牛产值的47%；而饲养加工一头高档肉牛，则可比饲养普通肉牛增加收入2000元以上，可见饲养和生产高档优质牛，经济效益十分可观。

高档牛肉生产包括小牛肉生产、白牛肉生产和高档优质牛肉生产三大部分，分别介绍如下。

1.小牛肉生产技术

小牛肉是犊牛出生后饲养至1周岁之内屠宰所产的牛肉，小牛肉富含水分，鲜嫩多汁，蛋白质含量高而脂肪含量低，风味独特，营养丰富，是一种自然的理想高档牛肉。犊牛在1岁以内屠宰，生长时间短，因此，为了提高小牛肉的生产率，对犊牛的饲养和育肥必须按照营养需要和饲养标准进行。

（1）牛种选择　生产小牛肉应尽量选择早期生长发育速度快的牛品种，因此，肉用牛的公犊和淘汰母犊是生产小牛肉的最好选材。在国外，奶牛公犊也是被广泛利用生产小牛肉的原材料之一。目前，在我国还没有专门化肉牛品种的条件下，应以选择黑白花奶牛公犊和西门塔尔高代杂种公犊牛为主，利用杂种优势以及奶公犊前期生长快、育肥成本低的优势组织生产。利用西杂牛、夏杂牛育肥生产小牛肉。

（2）牛龄选择　小牛肉生产，实际是育肥与犊牛的生长同期。犊牛出生后3日内可以采用随母哺乳，也可采用人工哺乳，但出生3日后必须改由人工哺乳，1月龄内按体重的8%～9%喂给牛奶。在国外，为了节省牛奶，更广泛采用代乳料。

精料量从7～10日龄开始习食后逐渐增加到0.5～0.6千克，青干草或青草任其自由采食。1月龄后喂奶量保持不变，精料和青干草则继续增加，直至育肥到6月龄为止。可以在此阶段出售，也可继续育肥至7～8月龄或1周岁出栏。出栏时期的选择，根据消费者对小牛肉口味喜好的要求而定，不同国家之间并不相同。

（3）犊牛性别和体重　生产小牛肉，犊牛以选择公犊牛为佳，因为公犊牛生长快，可以提高牛肉生产率和经济效益。体重一般要求初生重在35千克以上，健康无病，无缺损。

（4）育肥精料与饲养要点　小牛肉生产为了保证犊牛的生长发育潜力尽量发挥，代乳品和育肥精料的饲喂一定要数量充足，质量可靠，国外采用代乳品喂养，完全是为了节省用奶量。实践证明：采用全乳比用代用乳育肥犊牛的日增重高。如日本采用全乳和代用乳饲喂犊牛的比较结果列于表4-3。

表4-3　代用乳饲喂犊牛增重效果

组别	饲喂全乳	饲喂代用乳
试验牛头数/头	8	31
犊牛平均初生重/千克	42.4	47.0
90日龄平均体重/千克	142.2	122.0
平均日增重/千克	1.1	0.733

因此，在采用全乳还是代用乳饲喂时，国内可根据综合的支出成本高低来决定采用哪种类型。因为代乳品或人工乳如果不采用工厂化批量生产，其成本反而会高于全乳。所以，在小规模生产中，使用全乳喂养可能效益更好。1月龄后，犊牛随年龄的增长，日增重潜力逐渐提高，营养的需求也逐渐由以奶为主向以草料为主过渡，因此，为了提高增重效果并减少疾病发生，育肥精料应具有高热量、易消化的特点，并加入少量抑菌药物。

在采用代乳品的情况下，育肥犊牛6月龄时，每天应喂给2～3千克代乳料（干物质）。代乳的温度，在犊牛2周龄之前，夏季控制在37～38℃，冬季以39～42℃为宜。2周龄后，代乳品的温度可逐渐降低到30～35℃。

以上配方可每千克加土霉素22毫克作抗菌剂，冬春季节因青绿饲料缺乏，可每千克加10～20国际单位的复合维生素以补充不足。

小牛肉生产应控制犊牛不要接触泥土。所以，育肥牛栏多采用漏粪地板。育肥期内，每日喂料2～3次，自由饮水。冬季应饮

20℃左右的温水，夏季可饮凉水。犊牛发生软便时，不必减食，可以给予温开水，但给水量不能太多，以免造成"水腹"。若出现消化不良，可酌情减喂精料，并用药物治疗。如下痢不止、有顽固性症状时，则应进行绝食，并注射抗生素类药物和补液。

（5）小牛肉生产指标　小牛肉分大胴体和小胴体。犊牛育肥至6～8月龄，体重达到250～300千克，屠宰率58%～62%，胴体重130～150千克，称为小胴体。如果育肥至8～12月龄，屠宰活重达到350千克以上，胴体重200千克以上，则称为大胴体。西方国家目前的市场动向，大胴体较小胴体的销路好。

牛肉品质要求多汁，肉质呈淡粉红色，胴体表面均匀覆盖一层白色脂肪。为了使小牛肉肉色发红，许多育肥场在全乳或代用乳中补加铁和铜，具有提高肉质和减少犊牛疾病发生的双重作用，如同时再添加些鱼粉或豆饼，则肉色更加发红。需要说明的是，生产白牛肉时，乳液中绝不能添加铁、铜等元素。

2. 白牛肉生产技术

白牛肉也叫小白牛肉，是指犊牛出生后14～16周龄内完全用全乳、脱脂乳或代用乳饲喂，使其体重达到95～125千克屠宰后所产的牛肉。由于生产白牛肉犊牛不喂其他任何饲料，甚至连垫草也不能让其采食，因此，白牛肉生产不仅饲喂成本高，牛肉售价也高，其价格是一般牛肉价格的8～10倍。

白牛肉生产技术要点如下。

（1）犊牛选择　犊牛要选择优良的肉用品种、乳用品种、兼用品种或杂交种犊牛。要求初生重在38～45千克，生长发育快；3月龄前的平均日增重必须达到0.7千克以上。身体要健康，消化吸收功能强，最好选择公犊牛。

（2）饲养管理　犊牛出生后1周内，一定要吃足初乳；至少出生3日后应与其母亲分开，实行人工哺乳，每日哺喂3次。对犊牛的饲养管理要求与小牛肉生产相同，生产小白牛肉每增重1千克牛肉约需消耗10千克奶，很不经济。因此，近年来采用代乳料加人工乳喂养越来越普遍。用代乳料或人工乳平均每生产1千克小白牛肉约消耗13千克。管理上应严格控制乳液中的含铁量，强迫犊牛在缺铁条件下生长，这是小白肉生产的关键技术。

3.高档优质牛肉生产技术

（1）生产高档牛肉的基本要求

① 活牛　健康无病的各类杂交牛或良种黄牛。屠宰年龄30月龄以内，宰前活重550千克以上。膘情为满膘（看不到骨头突出点）；尾根下平坦无沟、背平宽；手触摸其肩部、胸垂部、背腰部、上腹部、臀部，有较厚的脂肪层。

② 胴体评估　胴体外观完整，无损伤；胴体体表脂肪色泽洁白而有光泽，质地坚硬；胴体体表脂肪覆盖率80%以上，12～13肋骨处脂肪厚度10～20毫米；净肉率52%以上。

③ 肉质评估　大理石花纹符合我国牛肉分级标准（试行）一级或二级（大理石花纹丰富）；牛肉嫩度，肌肉剪切力值3.62千克以下，出现次数应在65%以上；易咀嚼，不留残渣，不塞牙；完全解冻的肉块，用手触摸时，手指易进入肉块深部。牛肉质地松软、多汁。每条牛柳重2.0千克以上，每条西冷重5.0千克以上，每块眼肉重6.0千克以上。

（2）品种选择　生产高档优质牛肉应选择国外优良的肉牛品种（如夏洛莱牛、利木赞牛、皮埃蒙特牛、西门塔尔牛等），或它们与我国优良地方品种（如秦川牛、晋南牛、鲁西牛、南阳牛等）的杂种牛为育肥材料。这样的牛生产性能好，易于达到育肥标准。我国的五大良种黄牛及复州牛、渤海黑牛、科尔沁牛等也可用于组织高档优质牛肉生产，但育肥过程的饲料报酬可能较低，同时牛肉产品的均一性可能较差，然而具有独特的肉质和风味，市场前景可观。

（3）性别选择　用于生产高档优质牛肉的牛一般要求是阉牛。因为阉牛的胴体等级高于公牛，而阉牛又比母牛的生长速度快。根据美国标准，阉牛、未生育母牛的胴体等级分为8个等级；青年公牛胴体分为5个等级；而普通公牛胴体没有质量等级，只有产量等级；奶牛胴体无优质等级。据用晋南牛和复州牛试验，晋南牛去势后的一级肉可达到64%，而不去势复州牛无1～3级肉，四级肉占90%；剪切值测定结果：晋南牛<3.62的牛肉占81.6%，而复州牛≤3.62的肉占52%。

（4）年龄选择　生产高档优质牛肉，牛的屠宰年龄一般为18～22月龄，最大不超过30月龄，屠宰体重达到500千克以上。这样才能保证屠宰胴体分割的高档优质肉块有符合标准的剪切值，理想的胴体脂肪覆盖和肉汁风味。因此，对于育肥架子牛，要求育肥前12～14月龄体重达到300千克，经6～8个月育肥期，活重能达到500千克以上。我国的地方黄牛品种由于生长速度慢，在一般饲养条件下，周岁体重大多只能达到180～200千克，在标准化育肥条件下的日增重一般为0.6～0.8千克，因此，为了生产高档优质牛肉，选择育肥架子牛的年龄就要提早和延长育肥期，如200千克南阳牛育肥395天的平均日增重为622克，鲁西牛669克，秦川牛749克，晋南牛822克，一般需要育肥12～16个月才能达到500千克体重，导致牛屠宰时年龄偏大，造成牛肉品质可能变老。因此，如利用国内地方黄牛做高档优质牛肉生产的育肥材料，应对育肥架子牛特别注意精挑细选。

（5）强度育肥　生产高档优质牛肉，要对饲料进行优化搭配，饲料应尽量多样化、全价化，按照育肥牛的营养标准配合日粮，正确使用各种饲料添加剂。育肥初期的适应期，应多给草，充足饮水，少给精料。以后则要逐渐增加精料，喂2～3次，做到定时定量。对育肥牛的管理要精心，饲料、饮水要卫生，无发霉变质。冬季饮水温度应不低于20℃，圈舍要勤换垫草，勤清便，每出栏一批牛，都应对牛舍进行彻底清扫和消毒。

（6）屠宰加工　牛肉等级分级标准包括多项指标，单一指标难以作出正确评估。如日本牛肉分级标准依据包括大理石花纹、肉的色泽、肉内结缔组织、脂肪的颜色和肉的品质，综合评定后分为3级，每级又分为5等。美国肉牛生长时间长、水平高。因此，牛肉等级分级严，其牛肉分级标准包括三个方面：①以性别、年龄、体重为依据；②以胴体质量为依据；③以牛肉品质为依据。综合评定后，特级牛仅占全部屠宰牛的2.9%，特优级仅占48.5%。在牛肉的总量中，高价肉块的比例很小，如牛柳、西冷、眼肉三块肉合计仅约占牛胴体的10%，而其产值却可达到一头牛产值的近一半。因此，高档牛肉生产宜实行生产、屠宰、销售一体化作业，这样高档牛肉生产企业的产品可直接和用户见面，不通过中间环节，既减少了流通环节，又加深产、销双方的商业感情，便于产品稳定、均衡的生产与销售，保证高档优质牛肉生产的经济效益。目前，我国的肉牛业生产还处于初级阶段，产品流通方式和销售渠道单一，如在美国、加拿大应用很广泛的委托育肥、委托屠宰等形式在我国还未出现。因此，专门化的高档牛肉生产宜在有规模的企业组织，一般的小规模农户不适宜独立进行这种方式的生产，以免经济效益不能保证。

（7）生产模式　高档优质牛肉生产宜采用精料型持续育肥方式，生产的组织宜采用犊牛培育、肉牛饲养配套技术、肉牛屠宰、加工、销售一条龙生产和产销一体化企业方式。

第五节
肉牛活体分级及胴体分割

肉牛生产的目的，从养牛者来说是为了以较少的投入换取较大的经济效益。作为社会效益则尽量是以较低的消耗，生产出量多质优的牛肉。这两者从客观方面来说是一致的，但从主观方面来说存在一些差异。为了提高养牛生产的经济效益，养殖者必须尽可能地提高牛肉的产量、肉的等级和高档优质肉的比例，这就意味着养牛者必须提高饲养水平和养殖技术，选择优秀的肉牛品种、合适的出售时机和销售去向。然而，由于受到所处地区环境、生态条件、饲料种类、来源与丰度状态、畜牧技术服务网络状况和当地销售市场结构及自身各种条件的制约，养牛者在选择上可能受到一定限制，因此必须依据当地条件，发挥当地优势，因地制宜地开发肉牛养殖。而了解一些市场对活牛收购的要求和牛肉分级的标准，对生产方式的选择将非常有益。

一、活牛的评膘分级

对于肉牛养殖场而言，由于目前我国还没有诸如委托屠宰、委托牛肉胴体分割和评级出售等服务体系和方式，育肥肉牛的主要销售渠道就是卖给肉牛屠宰场或牛肉加工企业，而屠宰场对活牛等级验定和收购价格确定除了体重、年龄指标以外，牛的体质、体形发育、丰满状态和肥度是主要的评级指标。

特等：全身肌肉丰满，外形匀称。胸深厚，背脂厚度适宜，肋圆并和肩合成一体，背腰、臀部肌肉丰满，大腿肌肉附着优良，并向外突出和向下延伸。

一等：全身肌肉较发达，肋骨开张，肩肋结合较好，略显凹陷，臀部肌肉较宽平而圆度不够；腿肉充实，但外突不明显。

二等：全身肌肉发育一般，肥度不够，胸欠深，肋骨不很明显，臀部短但肌肉较多；后腿之间宽度不够。

三等：肌肉发育差，脊骨、肋骨明显，背窄，胸浅，臀部肌肉较少，大腿消瘦。

四等：各部关节外露明显，骨骼长而细，体躯浅，臀部凹陷。

二、胴体系统评定

胴体质量等级的高低制约胴体分割肉块及剔骨后牛肉的品质等级，因此，胴体质量的高低直接影响牛肉的销售收入水平。然而，胴体质量等级的高低不仅受育肥活牛本身的质量、数量等级差别的制约，反映宰前活牛的质量水平，而且牛的屠宰加工过程也影响胴体质量。如生产高档牛肉的屠宰加工技术规范与普通牛肉生产的屠宰加工程序要求就有很大区别。

1.胴体的定义

胴体是指活牛经24小时空腹后，进行放血、去头、截掉四肢

（腕跗关节以下），去除尾巴，剥除肾脏和肾脂肪以外的所有内脏器官（如心、肝、肺、胃等），同时切除乳房、肛门、外阴和生殖器官后的骨肉。胴体沿脊椎骨中央用电锯分割（或用刀斧劈开）为左右两半，则称为半胴体，左半胴体称为软半胴体，右半胴体称为硬半胴体。半胴体由腰部第12～13肋骨间截开，将胴体分为4块，每块称四分半胴体（图4-23）。

图4-23　胴体

2.胴体评定标准

胴体评定分质量评定和数量评定两个方面。根据美国USDA标准，质量评定包括五项指标：生理成熟度、大理石花纹、肉质、硬度、肉色。其中，大理石花纹、生理成熟度、肉色三项指标为我国肉牛胴体质量评定的主要项目（图4-24）。

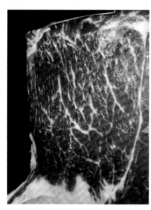

图4-24　部位肉质量评定

（1）生理成熟度　指牛的生理年龄，是通过评定胴体的大小、形状、骨骼和软骨的骨化程度及瘦肉的颜色、肉质来综合判定的。南京农业大学制定的标准分为A、B、C、D、E五级。

（2）大理石花纹　指肌肉间脂肪的含量与分布状况。评估部位为第12～13肋骨间的眼肌。

（3）肉质　指肉的表观纤维细度，评估部位为第12～13肋骨间的眼肌横断面。

（4）硬度　指肉的相对硬度或软度。评估部位同大理石花纹。

（5）肉色　指眼肌肉的颜色。肉色在牛肉销售时对吸引顾客购买（或称表观吸引力）具有重要影响，牛肉销售在很大程度上就是靠其令人满意的颜色。

胴体数量评定，指胴体生产净肉的比率，牛的生理成熟度（与年龄和体重相关）不同，数量评定指标也不同。如我国制定的18月龄出栏牛的数量标准如下。

特等：净肉重≥147千克（活重350千克，净肉率42%）。

一等：147千克＞净肉重≥120千克（活重300千克，净肉率40%）。

二等：120千克＞净肉重≥97.5千克（活重250千克，净肉率39%）。

三等：97.5千克＞净肉重≥81.4千克（活重220千克，净肉率37%）。

根据胴体重和眼肌面积大小可以估算胴体分割的净肉量：

净肉量=0.4003×胴体重+0.1871×眼肌面积−5.9395

当对胴体进行整胴体数量等级评定时，则采用以下4项指标。

（1）背膘厚度　指第12肋骨上的脂肪层厚度（厘米）。这是评定胴体最主要的指标。

（2）热胴体重　在屠宰后立即称取的重量（千克）；若为冷胴体，则乘以系数1.02获得热胴体重。

（3）眼肌面积　这是优质牛肉的代表性指标，用利刀在12肋骨后缘处切开后，用方格透明硫酸纸描出眼肌面积或用求积仪计算（平方厘米）。

（4）肾、心、骨盆腔油脂重量　在屠宰时称量，并计算其占热胴体的比例。

3.胴体质量的综合评定

（1）胴体结构　观察胴体整体形状，外部轮廓，胴体厚度、宽度和长度。

（2）肌肉厚度　要求肩、背、腰、臀等部位肌肉丰满。

（3）脂肪状况　要求皮下脂肪分布均匀，覆盖度大，厚度适宜，内部脂肪较多、眼肌面积大。

（4）放血充分　无疾病损伤，胴体表面无污染和伤痕等缺陷。

4.肉质评定

（1）胴体切面　观察眼肌中脂肪分布和大理石花纹的程度，以及二分体肌肉露出面和肌肉中脂肪交杂程度。

（2）肌肉色泽　要求肌肉颜色鲜红、有光泽（颜色过深和过浅均不符合要求），肌纤维纹理较细。

（3）脂肪质地　以白色、有光泽、质地较硬、有黏性为最好。

（4）品尝　品尝其鲜嫩度、多汁性、肉的味道和汤味。

（5）化学分析　取8-10-11肋骨样块的全部肌肉做化学分析样品（不包括背最长肌），测定其蛋白质、脂肪、水分、灰分。

5.胴体分割

胴体的不同部位，肉的品质亦不相同。根据肉质等级不同，可分为高档部位肉、优质部位肉和中低档部位肉。肉牛选种育种上要求胴体质量高的部位比例应尽量多；肉牛饲养育肥上采用标准化、规范化和较高饲养水平的目的之一，也是为了增加胴体上质量高部位的比例；高档优质牛肉生产更是视此为唯一目标。对胴体的切块方法，不同国家因习惯而不同。半胴体的基础分割肉共13块：里脊（又称牛柳，即腰大肌）、外脊（又叫西冷）、眼肉、上脑、嫩肩肉、臀肉、膝圆肉、大米龙、小米龙、腰肉、胸肉、腹肉、腱子肉。

高档牛肉一般指屠宰等级一等、胴体等级精选以上、数量等级二等以上胴体所产的牛柳、西冷、眼肉3个部分。目前，国内各星级饭店、宾馆的实际要求标准为牛柳2.0千克以上，西冷5.0千克以上，眼肉6.0千克以上。

优质牛肉包括大米龙、小米龙、臀肉、膝圆肉、腰肉、嫩肩肉和腿肉。

（1）牛柳　即里脊，也称腰大肌。分割时先剥去脂肪，然后沿耻骨前下方把里脊剔出，再由里脊头向里脊尾逐个剥离腰肌横突，取下完整的里脊（图4-25）。

图4-25　里脊

（2）外脊　也称西冷，主要是背最长肌，分割步骤为：①沿最后腰肌切下；②沿眼肌腹壁侧（距离眼肌5～8厘米）切下；③在第12～13胸肋处切断胸椎；④逐个把胸椎、腰椎剥离（图4-26）。

图4-26　外脊

（3）眼肉　主要包括背阔肌、肋最长肌、肋间肌，其一端与外肌相连。分割时先剥离胸椎，在眼肌腹侧距离为8～10厘米处切下（图4-27）。

图4-27　眼肉

（4）上脑　主要包括背最长肌、斜方肌等，其一端与眼肉相连，另一端在最后胸椎处。分割时剥离胸椎，去除筋腱，在眼肉腹侧距离6～8厘米处切下（图4-28）。

（5）胸肉　主要包括胸升肌和胸横肌等，在剑状软骨处，随胸肉的自然走向剥离，修去部分脂肪即成一块完整的胸肉。

（6）嫩肩肉　分割时循眼肉横切面的前端继续向前分割，可

图4-28　上脑

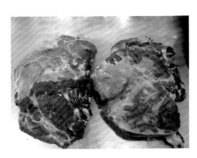

图4-29　米龙

图4-30　膝圆肉

得一圆锥形的肉块，即嫩肩肉。

（7）大米龙　主要是臀股二头肌，与小米龙相连，故剥离小米龙后，大米龙就完全暴露，顺着该肉块自然走向剥离，便可得一块完整的四方形肉块。

（8）小米龙　主要是半腱肌，位于臀部，当牛后腿子取下后，小米龙肉块处于最明显位置。分割时可按小米龙肉块的自然走向剥离（图4-29）。

（9）臀肉　主要包括半膜肌、内收肌、股薄肌等。分割时把大米龙、小米龙剥离后可见一肉块，沿其边沿分割即可得到臀肉。也可沿着被切开的盆骨外沿，沿着本肉块边沿分割。

（10）腰肉　主要包括臀中肌、臀深肌、股阔筋膜张肌，在臀肉、大米龙、小米龙、膝圆肉取出后，剩下的一块肉便是腰肉。

（11）膝圆肉　又称霖肉，主要是臀股四头肌，当大米龙、小米龙、臀肉取下后，可见到一长圆形肉块，沿此肉块周边分割，即可得到一块完整的膝圆肉（图4-30）。

图4-31　腱子肉

（12）腹肉　主要包括肋间内肌、肋间外肌等，也即肋排，分无骨肋排和带骨肋排，一般包括4～7根肋骨。

（13）腱子肉　分前后两部分，主要是前肢肉和后肢肉。前牛腱从耻骨端下刀，剥离骨头；后牛腱从胫骨上端下刀，剥离屑头取下（图4-31）。

三、我国肉牛屠宰工艺

1.屠宰牛数量的确定

在进行屠宰率测定时，为了能获得可靠的试验数据，必须要有一定的试验头数来保证，现初步规定：单组试验头数，最少不低于4头；组间对比试验头数，不低于6头，以使方差检验自由度不少于5；试验群的屠宰个体选择，应采用随机抽样的方法，通过查阅随机数字表来确定。

2.试验牛屠宰前的要求

屠宰方法直接影响宰后胴体的品质和产肉性能的计算。以往家畜屠宰前都进行断食，但饥饿本身不利于家畜的正常生理活动，为了既能真实地反映家畜体重且屠宰时操作方便，又尽可能减少饥饿本身的不利影响，因此屠宰前24小时停止饲喂和放牧时，必须保持家畜有安静的环境和充足的饮水，直至宰前8小时停止供水。

3.宰前处理

屠宰场必须设待宰牛栏舍，对进场牛做检查，把待宰牛按品种、性别、年龄进行详细的检查，并对待宰牛进行肥度分级，以利于屠宰后对牛肉的分级处理。特别是要把不健康的牛挑出，排除应激，如为传染病牛，必须进行隔离检疫；一般病牛，能治愈的，在治愈后，待药物残留期过后再宰杀；对于无治疗价值的牛，立即进行无害化处理。

4.屠宰工艺

屠宰是优质高档牛肉生产的重要环节。只有科学严格的屠宰工

图4-32　屠宰工艺

艺，才能保证牛肉固有的特色和品质。屠宰工艺如下。

（1）淋浴净身　进入屠宰车间前用近于体温的净水给牛淋浴，把牛全身被毛刷洗干净。

（2）击晕　目前实践中应用较多的击晕方法为电击晕、延脑穿刺法和二氧化碳窒息法等。

（3）刺杀放血　一般采用三管齐断法、颈动静脉放血法和抗凝无菌放血法。

（4）剥皮　剥皮是在悬挂状态下进行，先从后股臀端等处开始，把尾巴从第一与第二尾椎间断开，随皮往外翻出，使被毛不与胴体表面接触，逐步下翻，最后剥离头皮，并把牛头从枕骨后沿与寰椎之间分离。现代屠宰场多具备自动扯皮机械（图4-32）。

（5）去内脏　内脏剥离沿腹侧正中线切开，纵向锯断胸骨和盆腔骨，切除肛门和外阴部，分离联结体壁的横膈膜。除肾脏和肾脂肪保留外，其他内脏全部取出，切除阴茎、睾丸、乳房。

（6）胴体分割　纵向锯开胸骨和盆腔骨，沿椎骨中央分成左右两片胴体（称二分体），无电锯条件下，可沿椎体左侧椎骨端由前向后劈开，分为软硬两半（右侧为硬半，称右二分体；左侧为软半，称左二分体）。

（7）胴体排酸　排酸肉严格控制在$0 \sim 4\,℃$、相对湿度$70\% \sim 90\%$的冷藏条件下，放置$8 \sim 24$小时。

（8）部位分割　活牛屠宰后，经过屠宰工序后制成标准二分体，经过排酸后按照不同部位分割，主要包括牛柳、西冷、眼肉、前胸肉、腰肉、颈肉、上脑、肩肉、膝圆肉、臀肉、米龙、辣椒条、腱子肉等。

5. 各项指标的说明和测量方法

（1）宰前活重　绝食24小时后临宰时的实际体重。

（2）宰后重　屠宰后血已放尽的胴体重量。

（3）血重　实际称重。

（4）皮厚　右侧第10肋骨椎骨端的厚度（活体测量）。

胴体需倒挂冷却4～6小时（在0～4℃），然后按部位进行测量、记重、分割、去骨（在严寒条件下冷却时间以胴体完全冷却为止，严防胴体冻结）。

（5）胴体重（冷胴体）　实测重量。

由活重−［血重＋皮重＋内脏重（不含肾脏和肾脂肪）＋头重＋腕跗关节以下的四肢重＋尾重＋生殖器官及周围脂肪］后的冷却胴体。

（6）净肉重　胴体剔骨后全部肉重（包括肾脏等胴体脂肪），骨上带肉不超过2～3千克。

（7）骨重　实测重量。

（8）胴体长　耻骨缝前缘至第1肋骨前缘的最远长度。

（9）胴体胸深　自第3胸椎棘突的体表至胸骨下部的垂直深度。

（10）胴体深　自第7胸椎棘突的体表至第7肋骨的垂直深度。

（11）胴体后腿围　在股骨与胫腓骨连接处的水平围度。

（12）胴体后细宽　自去尾处的凹陷内侧至大腿前缘的水平宽度。

（13）胴体后腿长　耻骨缝前缘至飞节的长度。

（14）肌肉厚度

① 大腿肌肉厚：自体表至股骨体中点垂直距离。

② 腰部肌肉厚：自体表（棘突外1.5厘米处）至第3腰椎横突的垂直距离。

（15）皮下脂肪厚度

① 腰脂厚：第12～13胸椎间离背中线3～5厘米，相对于眼

肌最厚处的皮下脂肪厚度。

② 肋脂厚：12肋骨弓最宽处脂肪厚度。

③ 背脂厚：在第5～6胸椎间离中线3厘米处的两侧皮下脂肪厚度。

（16）眼肌面积　第12肋骨后缘处，将脊椎锯开，然后用利刃切开12～13肋骨间，在12肋骨后缘用硫酸纸将眼肌面积描出（测2次），用求积仪或用方格透明卡片（每格1厘米宽）计算出眼肌面积。

（17）眼肌等级评定　根据脂肪分布和大理石花纹的程度按9级评定标准进行，将评定等级提高一级计算。

（18）半片胴体横断面测定　第12～13肋骨处断开。

① 胸壁厚度：第12肋骨弓最宽处。

② 断面大弯部：第12脊椎骨的棘突体表至椎体下缘的直线距离。

（19）皮下脂肪覆盖度　一级，90%以上；二级，89%～76%；三级，75%～60%；四级，60%以下。

（20）9-10-11肋骨样块　在第8及第11肋骨后缘，用锯将脊椎锯开，然后沿着第8及第11肋骨后缘切开，与胴体分离，取下样块肌肉（由椎骨端至肋软骨）作化学分析样品。

（21）非胴体脂肪　包括网膜脂肪、胸腔脂肪、生殖器脂肪。

（22）胴体脂肪　包括肾脂肪、盆腔脂肪、腹膜和胸膜脂肪。

（23）消化器官重（无内容物）　包括食管、胃、小肠、大肠、直肠。

（24）其他内脏重　分别称量心、肝、肺、脾、肾、胰、气管、横膈膜、胆囊（包括胆汁）和膀胱（空）。

（25）内容比　取第12肋骨后缘断面，测定其眼肌最宽厚度和上层的脂肪最宽厚度之比。

（26）肉骨比　胴体中肌肉和骨骼之比。

（27）屠宰率　屠宰率=胴体重/宰前活重×100%。

（28）净肉率　净肉率=净肉重/宰前活重×100%。

（29）胴体产肉率　胴体产肉率=净肉重/胴体重×100%。

（30）熟肉率　取腿部肌肉1千克，在沸水中，煮沸120分钟，测定生熟肉之比。

（31）品味取样　取臀部深层肌肉1千克，切成2立方厘米小块，不加任何调料，在沸水中煮70分钟（肉水比为1∶3）。

（32）优质切块　优质切块＝腰部肉＋短腰肉＋膝圆肉＋臀部肉＋后腿肉＋里脊肉。

四、牛肉的包装与储存

1.包装

生产中常用的包装方式主要有两种，分别是真空包装和气调包装。

（1）真空包装　采用真空包装时，首先要用设备去除包装内的空气，然后用密封技术使包装内的肉品和外界隔绝。这样可以抑制好气性微生物的生长，延长肉品的储存期。

（2）气调包装　采用气调包装时，首先在密封性能好的材料中装进肉品，注入特殊的气体或气体混合物，气体中氧气占80%，二氧化碳占20%。然后密封包装，使肉与外界隔绝。

2.牛肉的储存

对于大规模的肉牛屠宰、加工企业来说，包装虽然可以在短期内达到保存鲜肉的目的，但不够经济，保存鲜肉最普遍的做法是冷却和冷冻。

（1）冷却保存　冷却保存是牛肉及牛肉制品最常用的保存方法。将牛肉冷却到0℃左右进行贮藏，可以有效抑制微生物的生长和繁殖，达到大批量短期贮存的目的。冷却间的温度一般是0～4℃，相对湿度在冷却开始时保持95%以上，冷却后期维持在90%～95%，冷却结束以90%最为适宜，空气流速一般为0.5米/秒。

（2）冷冻保存　冷冻能够在相当长时间内保持肉品的质量，最普遍使用的方法是风冷式速冻。风冷式速冻要求在冷冻室装上风扇，使空气快速流动。生产中，冷冻室的温度一般在-30℃，空气流速为760米/秒。

常用的冷冻方法还有静止空气冷冻法、板式冷冻法、超低温冷冻法等。在生产上一般控制在 $-30 \sim -9\,°C$，相对湿度在 98%～100%，空气采用自然循环。这样，可以在半年到一年的贮藏期内保持肉品的商品价值。

第五章

肉牛饲草料高效生产
与加工利用技术

❧ 第一节 ❧
肉牛饲料种类及特性

一、粗饲料

粗饲料是指饲料干物质中粗纤维含量在18%以上，体积大、难消化、可利用养分少的一类饲料，主要包括秸秆、荚壳、蔓秧、干草、树叶及其他农业副产物。

1.营养特性

粗饲料的营养特点是粗纤维含量高，可达25%～45%，可消化营养成分含量低，有机物消化率在70%以下，质地粗硬，适口性差。不同类型的粗饲料粗纤维的组成不一，但大多数是由纤维素、半纤维素、木质素、果胶、多糖醛和硅酸盐等组成，其组成比例又常因植物生长阶段变化而不同。粗饲料因来源广、种类多、产量大、价格低，是草食动物冬春季的主要饲料来源。

2.常见粗饲料

（1）青干草 青干草是青绿饲料在尚未结籽之前刈割，经过日晒或人工干燥而制成的，较好地保留了青绿饲料的养分和绿色，干草作为一种储备形式，调节青饲料供应的季节性，是牛的最基本、最重要的饲料。可以制成干草的有禾本科牧草、豆科牧草、天然牧草等。要注意发霉腐烂、含有有毒植物的干草不可饲喂。

优质干草叶多，适口性好，蛋白质含量较高，胡萝卜素、维生素D、维生素E及矿物质丰富。粗蛋白质含量禾本科干草为7%～13%，豆科干草为10%～21%；粗纤维含量高（为20%～30%），所含能量为玉米的30%～50%。

（2）秸秆　农作物在籽实成熟后，收获籽实后所剩余的副产品，称为秸秆饲料，可为草食家畜提供有效的粗纤维。我国秸秆饲料主要有稻草、玉米秸、麦秸、豆秸和谷草等。

① 稻草是水稻收获后剩下的茎叶，营养价值略低，但数量巨大（图5-1）。稻草的粗蛋白质含量为5%～9%，粗脂肪为1%左右，中性洗涤纤维和酸性洗涤纤维分别为62%和43%。据测定，稻草的增重净能为0.57兆卡/千克，消化能为1.98兆卡/千克（数据来自NRC 2016）。生产中，一般会通过氨化、碱化处理来提高稻草的饲用价值，且经氨化处理后，稻草的含氮量可增加一倍，氮的消化率可提高20%～40%。

图5-1　稻草

② 玉米秸质地坚硬，适口性差，一般作为反刍家畜的饲料（图5-2）。反刍家畜对玉米秸粗纤维的消化率在65%左右，对无氮浸出物的消化率在60%左右。生长期短的夏播玉米秸，比生长期长的春播玉米秸粗纤维少，易消化。同一株玉米，上部比下部营养价值高，叶片比茎秆营养价值高，牛、羊较为喜食。玉米秸的营养价值优于玉米芯，而和玉米苞叶的营养价值相似。

为了提高玉米秸的饲用价值，可在收获后立即将全株分成上半株或上2/3株，切碎后直接饲喂或调制成青贮饲料。

③ 麦秸的营养价值因品种、生长期的不同而有所不同（图5-3）。因其粗纤维含量较高，是草食动物重要的饲料来源。农区可饲用农作物秸秆资源丰富，合理利用秸秆类饲料资源，具有重要意义。科学加工调制可使其营养含量以及消化利用率成倍提高。

（3）秕壳　籽实脱离时分离出的荚皮、外皮等。营养价值略高于同一作物的秸秆，但稻壳和花生壳质量较差。

① 豆荚、豆皮含粗蛋白质5%～10%，无氮浸出物42%～50%，适于喂牛（图5-4）。大豆皮（大豆加工中分离出的种皮）营养成分粗纤维约为38%、粗蛋白

图5-2　玉米秸秆

图5-3　小麦秸秆

图5-4　豆荚

质12%、净能7.49兆焦/千克，几乎不含木质素，故消化率高，对于反刍家畜其营养价值相当于玉米等谷物。

② 谷类皮壳包括小麦壳、大麦壳、高粱壳、稻壳、谷壳等，营养价值低于豆荚。稻壳的营养价值最差。

③ 棉籽壳含粗蛋白质4.0%～4.3%、粗纤维41%～50%、消化能8.66兆焦/千克、无氮浸出物34%～43%。棉籽壳虽然含棉酚0.01%，但对牛影响不大。喂小牛时最好喂1周后更换其他粗饲料喂1周，以防棉酚中毒。

二、青绿饲料

青绿饲料是草食家畜的主要饲料之一，其种类繁多，富含叶绿素。主要包括天然牧草、人工栽培牧草、青饲作物、叶菜类、树叶类及非淀粉质根茎瓜类等。这类饲料种类多、来源广、产量高、营养丰富，对促进动物生长发育、提高畜产品品质和产量等具有重要作用，享有"绿色能源"之称。

1.营养特性

青绿饲料一般含水率高，陆生植物的水分可达60%以上，因此其鲜草干物质含量较少，能值较低。其次，其蛋白质含量高，品质较优。禾本科牧草和叶菜类饲料的粗蛋白质在13%～15%（干物质基础），豆科牧草在18%～24%（干物质基础）。同时，其富含各种必需氨基酸，尤其以赖氨酸、色氨酸含量高，蛋白质生物学价值可达70%以上。幼嫩的青绿饲料含粗纤维较少，木质素低，无氮浸出物高（40%～50%，干物质基础）。青绿饲料中微量矿物质元素及维生素含量丰富。但是牧草中一般钠、氯含量不足，所以放牧家畜需要补给食盐。

青绿饲料幼嫩、柔软多汁，适口性好，含有各种酶、激素和有机酸，易于消化，是一种营养相对平衡的饲料。青绿饲料的营养价值会受很多因素的影响。因生长阶段不同其营养价值各异，早期生长阶段的各种牧草有较高的消化率，其营养价值也高。随着植物生长期的延长，粗蛋白质等养分含量逐渐降低，粗纤维特别是木质素的含量逐渐上升，使营养价值、适口性和消化率都逐渐降低。植物体的部位不同其营养成分差别也很大。一般来讲，茎秆中粗蛋白质含量低而粗纤维含量高，叶片中则粗纤维含量低而粗蛋白质含量高，因此，叶片占全株的比例越大，营养价值越高。

气候条件（如气温、光照及降水等）对于青绿饲料的营养价值影响也较大。干旱少雨地区相较于多雨地区，植物体内积累的钙质较多。在寒冷地区的植物，粗纤维含量较温暖地区高，粗蛋白质和粗脂肪含量则较少。另外，阳光充足的阳坡地植物粗蛋白质和六碳糖含量显著高于阴坡地植物。

土壤是植物营养物质的主要来源之一。肥沃和结构良好的土壤，青绿饲料的营养价值较高。施肥可以显著影响植物中各种营养物质的含量，在土壤缺乏某些元素的地区施以相应的肥料，则可以防止这一地区的家畜营养性疾病。对植物增施氮肥，不仅可以提高植物的产量，还可增加植物中粗蛋白质的含量，并且施肥后植物生长旺盛，茎叶浓绿，胡萝卜素含量显著提高。

2.常见青绿饲料

（1）紫花苜蓿　也叫紫苜蓿、苜蓿，是肉牛常用的豆科牧草饲料（图5-5）。其特点是产量高、品质好，适应性强，是最经济的栽培牧草，有"牧草之王"称号。紫花苜蓿的营养价值很高，在初花期刈割的干物质中粗蛋白质为20%～22%，必需氨基酸组成较为合理，赖氨酸高达1.34%，此外还含有丰富的维生素与微量元素。紫花苜蓿的营养价值与刈割时期关系很大，幼嫩时含水分多，粗纤维少。刈割过迟，茎的密度增加而叶的密度下降，饲用价值降低。苜蓿的利用方式有很多，可青饲、放牧、调制干草或青贮，对各类家畜均适用。用鲜苜蓿喂泌乳牛，乳产量高、乳质好，成年泌乳母牛每日每头可喂15～20千克，青年母牛10千克左右。紫花苜蓿茎叶中含有皂角素，有抑制酶的作用，

图5-5　苜蓿

图5-6 羊草

肉牛大量采食鲜嫩苜蓿后，可在瘤胃内形成大量泡沫样物质，引起臌胀病，故饲喂鲜草时应控制饲喂量。

（2）羊草 羊草为多年生禾本科牧草，叶量丰富，适口性好，牛、羊喜食（图5-6）。羊草鲜草干物质含量28.64%，其中粗蛋白质3.49%、粗脂肪0.82%、粗纤维8.23%、无氮浸出物14.66%、粗灰分1.44%。抗寒耐旱，耐瘠、耐沙、耐盐碱，羊草生长期长，有较高的营养价值，种子成熟后茎叶仍可保持绿色，可作为青饲料。羊草干草产量高，营养丰富，但刈割时间要适当，过早过迟都会影响其质量。

3. 合理利用

青绿饲料干物质和能量含量低，应注意与能量饲料、蛋白质饲料配合使用，青绿饲料补饲量不要超过日粮干物质的20%。又因含有较多草酸，具有轻泻作用，易引起腹泻和影响钙的吸收。为了保证青绿饲料的营养价值，适时刈割非常重要，一般禾本科牧草在孕穗期刈割，豆科牧草在初花期刈割。有的树叶含有鞣酸，有涩味、适口性不佳，必须加工调制后再喂。水生饲料在饲喂时，洗净并晾干表面的水分后再喂。叶菜类饲料中含有硝酸盐，在堆贮或蒸煮过程中被还原为亚硝酸盐，牛瘤胃中的微生物也可将青绿饲料中的硝酸盐还原成亚硝酸盐，在瘤胃中形成的亚硝酸盐还可被进一步还原成氨，但这一过程缓慢，且需要一定的能量。瘤胃可以大量吸收亚硝酸盐，饲喂后5～6小时，血液中浓度达到高峰，可迅速将血红蛋白转变成高铁血红蛋白，引起牛中毒，甚至死亡，故饲喂量不宜过多。幼嫩的高粱苗、亚麻叶等含有氰苷，在瘤胃中可生成氢氰酸，引起中毒，喂前晾晒或青贮可预防中毒。饲喂鲜苜蓿草的牛应

高效养牛全彩图解＋视频示范

补饲干草，以防瘤胃臌气病的发生。

三、青贮饲料

青贮饲料是一种贮藏青绿饲料的方法，是将铡碎的新鲜植物，通过微生物发酵和化学作用，在密闭条件下调制而成，可以常年保存、均衡供应的青绿饲料。玉米蜡熟期，大部分茎叶还是青绿色，下部仅有2～3片叶子枯黄，此时全株粉碎制作青贮，养分含量多，可作为养牛的主要粗饲料，可常年供应。近年来，由于青贮技术的发展，人们已能用禾本科、豆科或豆科与禾本科植物混播牧草制作质地优良的青贮饲料，并广泛应用于养牛生产中，得到较好的效果。目前青贮方法、青贮添加剂、青贮设备等方面都有了明显的改进和提高。

1.营养特性

青贮饲料可以较好地保存青绿饲料中的营养成分，且由于微生物的发酵作用，产生了一定量的酸和醇类，使饲料具有酒酸醇香味，增强了饲料的适口性，改善了动物对青绿饲料的消化利用率。青贮饲料的营养价值因青贮原料不同而异，其共同特点是粗蛋白质主要是由非蛋白氮组成，且酰胺和氨基酸的比例较高，大部分淀粉和糖类分解为乳酸，粗纤维质地变软，胡萝卜素含量丰富，酸香可口，具有轻泻作用。

2.常见青贮饲料

（1）玉米青贮　是指将切碎的新鲜玉米秸秆，通过微生物厌氧发酵和化学作用，在密闭无氧条件下制成的一种适口性好、消化率高和营养丰富的饲料，是保证常年均衡供应家畜饲料的有效措施。

① 玉米秸秆青贮。收获果穗后的玉米秸上能保留1/2的绿色叶片，应立即青贮。若部分秸秆发黄，3/4的叶片干枯视为青黄秸，青贮时每100千克需加水5～15千克。目前已培育出收获果穗后玉米秸全株保持绿色的玉米新品种，很适合作青贮。玉米秸秆青贮目前是我国农区肉牛的主要饲料。

图5-7　全株玉米青贮

② 全株玉米青贮。全株玉米青贮，即在玉米乳熟后期收获，将茎叶与玉米穗整株切碎进行青贮，这样可以最大限度地保存蛋白质、碳水化合物和维生素，具有较高的营养价值和良好的适口性，是牛的优质饲料（图5-7）。玉米带穗青贮含有43%左右的籽实，饲喂肉牛，只需添加蛋白质和矿物质等营养成分，就可满足牛的营养需要。其干物质的营养含量为粗蛋白质8.4%、碳水化合物12.7%、可消化总营养成分77%。

（2）高粱青贮　高粱植株高3米左右，产量高。茎秆内含糖量高，特别是甜高粱，可调制成优良的青贮饲料，适口性好。一般在蜡熟期收割。

（3）豆科作物　苜蓿、草木樨、三叶草、紫云英、豌豆、蚕豆等通常在始花期收割。因其含蛋白质高，糖分少，在制作高水分青贮时应与含可溶性糖、淀粉多的饲料混合青贮。例如，与玉米高粱茎秆混贮或者经晾晒水分低于55%时进行半干青贮。

3.合理利用

在饲喂时，青贮饲料可以全部替代青绿饲料，但应与碳水化合物含量丰富的饲料搭配使用，以提高瘤胃微生物对氮素的利用率。牛对青贮饲料有一个适应过程，用量应由少到多逐渐增加，日喂量15～25千克。禁用霉烂变质的青贮饲料喂牛。

四、能量饲料

能量饲料是指粗蛋白质含量低于20%、粗纤维含量低于18%的一类饲料。这类饲料主要包括谷实类、糠麸类、脱水块根、块茎及其加工副产品、动植物油脂以及乳清粉等。能量饲料在饲料中所占比例最大，主要起供能作用。

1.谷实类饲料

谷实类饲料主要指禾本科作物的籽实。谷实类饲料一般含70%左右无氮浸出物；粗纤维含量少，多在5%以内；粗蛋白质含量不足10%，谷实蛋白质品质较差，与其赖氨酸、蛋氨酸、色氨酸等含量较少有关；其所含灰分中，钙少磷多，但磷多以植酸盐形式存在；谷实中维生素E、维生素B_1较丰富，但维生素C、维生素D贫乏。谷实的消化率高，因而有效能值也高。

（1）玉米　又名苞米、苞谷等，为禾本科玉米属一年生草本植物，产量高，有效能量多，是最常用且用量最大的一种能量饲料，有"饲料之王"称号。

玉米中碳水化合物在70%以上，多存在于胚乳中。主要是淀粉，单糖和二糖较少，粗纤维含量也较少。粗蛋白质含量一般为7%～9%，其品质较差，因赖氨酸、蛋氨酸、色氨酸等必需氨基酸含量相对较少。粗脂肪含量为3%～4%，但高油玉米粗脂肪含量可达8%以上，主要存在于胚芽中；其粗脂肪主要是甘油三酯，构成的脂肪酸主要为不饱和脂肪酸，如亚油酸占59%，油酸占27%，亚麻酸占0.8%，花生四烯酸占0.2%，硬脂酸占2%以上。

玉米是牛、羊等草食动物的良好能量补充饲料，玉米用量可占肉牛混合料的60%左右。玉米用作牛、羊饲料时不宜粉碎过细，应磨碎或破碎。压片玉米较制粒玉米喂牛效果好，粗粉比细粉效果好（图5-8、图5-9）。

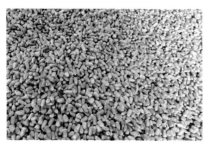

图5-8　玉米粒

图5-9　蒸汽压片玉米

（2）小麦　小麦有效能值高，产奶净能（乳牛）可达7.94兆焦（每千克饲料干物质）。粗蛋白质含量居谷实类之首，一般达12%以上，但必需氨基酸尤其是赖氨酸不足，因而小麦蛋白质品质较差。无氮浸出物多，在其干物质中可达75%。粗脂肪含量低（约1.7%）。矿物质含量较高，富含磷、钾，但半数以上的磷为无效态的植酸磷。小麦中非淀粉多糖（NSP）含量较多，可达小麦干重的6%以上。小麦非淀粉多糖主要是阿拉伯木聚糖，这种多糖不能被动物消化酶消化，而且有黏性，在一定程度上影响小麦的消化率。

小麦是牛、羊等反刍动物的良好能量饲料（图5-10），其过瘤胃淀粉较玉米、高粱低，肉牛饲料中的用量以不超过50%为宜，并以粗碎和压片效果最佳，不能整粒饲喂或粉碎得过细，否则易引起瘤胃酸中毒。

（3）稻谷　是指没有去除稻壳的籽实，在植物学上属禾本科稻属普通栽培稻亚属中的普通稻亚种。稻谷中所含无氮浸出物在60%以上，但粗纤维达8%以上，粗纤维主要集中于稻壳中，且半数以上为木质素。稻谷中粗蛋白质含量为7%～8%，粗蛋白质中必需氨基酸（如赖氨酸、蛋氨酸、色氨酸等）较少。稻谷因含稻壳，有效能值低于玉米。

图5-10　小麦

稻谷脱壳后，大部分种皮仍残留在米粒上，称为糙米（图5-11）。糙米中无氮浸出物多，主要是淀粉。糙米中粗蛋白质含量及其氨基酸组成与玉米相似。糙米中脂质含量约2%，其中不饱

图5-11　糙米

和脂肪酸比例较高。糙米中灰分含量较少（约1.3%），其中钙少磷多，磷仍多以植酸磷形式存在。

用稻谷作为牛、羊等饲料时，若配合适当饲养效果良好，但也应粉碎后饲用，糙米可作为牛、羊等动物的良好能量饲料利用。

（4）高粱　高粱籽实的主要成分为淀粉，多达70%（图5-12）。粗蛋白质含量为8%～9%，但品质较差，原因是其中必需氨基酸（赖氨酸、蛋氨酸等）含量少。脂肪含量稍低于玉米，脂肪中必需脂肪酸低于玉米，但饱和脂肪酸的比例高于玉米。所含灰分中钙少磷多，所含

图5-12　高粱

磷70%为植酸磷。含有较多烟酸，达48毫克（每千克干物质含量），但所含烟酸多为结合型，不易被利用。高粱中含有有毒物质鞣酸，影响其适口性和营养物质消化率。高粱在瘤胃中的降解率低，但因含有鞣酸，适口性差，并且喂牛易引起便秘。用量一般不超过日粮的20%。与玉米配合使用效果增强，可提高饲料的利用率和肉牛日增重。另外在利用时，高粱需经过压片处理。

2.糠麸类饲料

谷物经加工后形成的一些副产品即为糠麸类，包括米糠、小麦糠、大麦糠、玉米糠、高粱糠、谷糠等。糠麸成分不仅受原粮种类的影响，而且还受原粮加工方法和精度的影响。与原粮相比，糠麸中粗蛋白质、粗纤维、B族维生素、矿物质等含量较高，但无氮浸出物含量低，故属于一类有效能值较低的饲料。另外，糠麸结构疏松、体积大、容重小、吸水膨胀性强。糠麸类饲料，以干物质计，其无氮浸出物含量为45%～65%，略低于籽实；蛋白质含量为11%～17%，略高于籽实（表5-1）。

表5-1　常用糠麸饲料的主要养分含量

（引自王成章、王恬主编的《饲料学》，2003）

品名	干物质/%	粗蛋白质/%	粗脂肪/%	无氮浸出物/%	粗纤维/%	粗灰分/%	钙/%	磷/%
小麦麸	87.0	15.7	3.9	56.0	6.5	4.9	0.11	0.92
米糠	87.0	12.8	16.5	44.5	5.7	7.5	0.07	1.43
米糠饼	88.0	14.7	9.0	48.2	7.4	8.7	0.14	1.69
米糠粕	87.0	15.1	2.0	53.6	7.5	8.8	0.15	1.82

　　米糠是加工小米分离出来的种皮和糊粉层的混合物，可消化粗纤维含量高，其能值与玉米接近，具有较高的营养价值，但易酸败、易变质，影响适口性。在日粮中，米糠的用量最好控制在10%以内。

　　小麦麸是加工面粉的副产品，是由小麦的种皮、糊粉层以及少量的胚和胚乳组成（图5-13）。麸皮粗纤维含量较高，粗蛋白质含量也较高，并含有丰富的B族维生素。体积大，重量较轻，质地疏松，含磷、镁较高，具有轻泻性，具有促进消化功能和预防便秘的作用。特别是在母牛产后喂以麸皮水，对促进消化和防止便秘具有积极的作用。麸皮的蛋白质、粗纤维含量高，质地疏松，矿物质、维生素含量也比较丰富，属于对牛健康有利的饲料，在牛日粮中的比例可达10%～20%。

图5-13　小麦麸

3.块根、块茎及其加工副产品

　　块根块茎类饲料的营养特点是水分含量为70%～90%，有机物富含淀粉和糖，消化率高，适口性好，但蛋白质含量低。以干物质为基础，块根块茎类饲料的能值比籽实还高，因此归入能量饲料。

与此同时，这些饲料主要鲜喂，因此也可以归入青绿多汁饲料。常用的块根块茎类饲料包括甘薯、木薯、胡萝卜、马铃薯等。

（1）甘薯　甘薯的主要成分是淀粉和糖，适口性好（图5-14）。甘薯的干物质含

图5-14　甘薯

量为27%～30%。干物质中淀粉占40%，糖分占30%左右，而粗蛋白质只有4%。红色和黄色的甘薯含有丰富的胡萝卜素，含量为60～120毫克（每千克饲料干物质），缺乏钙、磷。甘薯味道甜美，适口性好，煮熟后喂牛效果更好，生喂量大了容易造成腹泻。需要注意带有黑斑病的甘薯不能喂牛，否则会导致气喘病甚至致死。

（2）木薯　木薯含水分约60%，晒干后的木薯干含无氮浸出物78%～88%，蛋白质含量只有2.5%左右，铁、锌含量高。木薯块根中含有苦苷，常温条件下，在β-糖苷酶的作用下可生成葡萄糖、丙酮和剧毒的氢氰酸。新鲜木薯根的氢氰酸含量为15～400毫克（每千克饲料干物质），而皮层的含量比肉质部高4～5倍。因此，在实际利用时，应该注意去毒处理。日晒2～4天可以去除50%的氢氰酸，沸水煮15分钟可以去除95%以上，青贮只能去除30%。

（3）胡萝卜　胡萝卜含有较多的糖分和大量胡萝卜素（100～250毫克）（每千克饲料干物质），是牛最理想的维生素A来源，对繁殖泌乳牛和育成牛、育肥牛都有良好的效果（图5-15）。胡萝卜以洗净后生喂为宜。另外，也可以将胡萝卜切碎，与麸皮、草粉等混合后贮存。

（4）马铃薯　马铃薯的淀粉含量相对较高（图

图5-15　胡萝卜

5-16），但发芽的马铃薯芽眼中含有龙葵素，会引起牛的胃肠炎。因而发芽的马铃薯不能用来喂牛。

图5-16　马铃薯

五、蛋白质饲料

蛋白质饲料是指干物质中粗纤维含量在18%以下，粗蛋白质含量为20%以上的饲料。由于反刍动物禁用动物性蛋白质饲料，因此对肉牛主要饲喂植物性蛋白质饲料、单细胞蛋白质饲料、非蛋白氮饲料等。

1.植物性蛋白质饲料

植物性蛋白质饲料包括豆类籽实、饼粕类和其他植物性蛋白质饲料。该类饲料具有共同特点：蛋白质含量高，且蛋白质质量好；粗脂肪含量变化大；粗纤维含量一般不高；矿物质中钙少磷多，且主要是植酸磷；维生素含量与谷实相似，B族维生素较丰富，而维生素A、维生素D较缺乏；大多数含有一些抗营养因子，影响其饲喂价值。

（1）豆类籽实　豆类籽实包括大豆、豌豆、蚕豆等，是我国役畜的主要蛋白质饲料。全脂大豆经加热或膨化用在高能饲料和颗粒料中。

① 大豆　大豆约含35%的粗蛋白质和17%的粗脂肪，其中不

饱和脂肪酸较多，亚油酸和亚麻酸可占其脂肪总量的55%，赖氨酸含量在豆类中居首位（图5-17）。大豆粗纤维含量4%～6%，碳水化合物含量不高，无氮浸出物仅26%左右。矿物质中钾、磷、钠较多，但60%的磷为不能利用的植酸磷。维生素与谷实类相似，含量略高于谷实类，B族

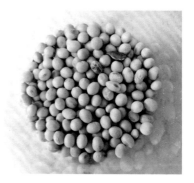

图5-17 大豆

维生素含量较多，而维生素A、维生素D较少。大豆蛋白的瘤胃降解率较高，粉碎生大豆的蛋白质80%左右在瘤胃被降解。钙含量比较低。生大豆中含有多种抗营养因子，其中加热可被破坏的包括胰蛋白酶抑制因子、血细胞凝集素、抗生素因子、植酸十二钠、脲酶等，加热无法被破坏的包括皂苷、类雌激素（异黄酮）、胃肠胀气因子、大豆抗原蛋白等。生喂时要慎重，防止出现瘤胃胀气、腹泻等问题。豆类籽实经过烘烤、膨化或蒸汽压片处理后，可以消除大部分抗营养因子的影响；同时，增加过瘤胃蛋白质的比例和所含油脂在瘤胃中的惰性。

牛饲料中可使用生大豆，但不宜超过精料的50%，且需配合胡萝卜素含量高的粗饲料使用，否则会降低维生素A的利用率，造成牛乳中维生素含量剧减，生大豆也不宜与尿素同用。肉牛饲料中使用过高会影响采食量，且有软脂倾向。经加热处理的全脂大豆适口性高于生大豆，并具有较高的瘤胃蛋白质非降解率。

② 豌豆　豌豆又名毕豆、小寒豆、麦豆等，豌豆适应性强，喜冷凉而湿润的气候（图5-18）。豌豆风干物中粗蛋白质含量约24%，蛋白质中含有丰富的赖氨酸，而其他氨基酸含量较低，豌豆中粗纤维含量约为7%，淀粉含

图5-18 豌豆

图5-19　大豆饼

图5-20　大豆粕

图5-21　棉籽饼

图5-22　棉籽粕

量约42%，粗脂肪2%，各种矿物质元素含量都偏低。豌豆中也含有胰蛋白酶抑制因子、外源植物凝集素、致胃肠胀气因子，不宜生喂。乳牛精料可用20%以下，肉牛12%以下。

（2）饼粕类饲料　压榨法制油的副产品称为饼，溶剂浸提法制油后的副产品称为粕。

①大豆饼（粕）　粗蛋白质含量较高（一般在40%～50%），且品质较好，必需氨基酸组成合理，尤其是赖氨酸含量高，是饼粕类饲料最高者，但蛋氨酸不足（图5-19、图5-20）。大豆饼粕可替代犊牛代乳料中部分脱脂乳，并对各类牛均有良好的生产效果。采食过多会有软便现象，但不会下痢，牛可有效利用未经加热处理的大豆饼（粕），含油脂较多的大豆饼（粕）对奶牛有催乳效果，在人工代乳料和开食料中应加以限制。

②棉籽饼（粕）　由于棉籽脱壳程度及制油方法不同，营养价值差异很大。棉籽饼（粕）粗纤维含量较高，达13%以上，因此有效能值低于大豆饼（粕），脱壳较完全的棉籽饼（粕）粗纤维含量约为12%，代谢能水平较高（图5-21、图5-22）。棉籽饼（粕）粗蛋白质含量可达34%以上，精氨

酸含量高，而赖氨酸只有大豆饼（粕）的一半，蛋氨酸也不足。矿物质中钙少磷多，含硒少。棉籽饼（粕）中含有游离棉酚，长期大量饲喂会引起牛中毒。牛如果摄取过量（日喂8千克以上）或食用时间过长，导致中毒。奶牛饲料中适当添加棉籽饼（粕）可提高乳脂率，若用量超过精料的50%则影响适口性，同时乳脂变硬。棉籽饼（粕）属便秘性饲料原料，需搭配芝麻饼（粕）等软便性饲料原料使用，一般用量以精料中占20%～35%为宜。喂犊牛时，以低于精料的20%为宜，且需搭配含胡萝卜素高的优质粗饲料。肉牛可以以棉籽饼（粕）为主要蛋白质饲料，但应供应优质粗饲料，再补充胡萝卜素和钙，方能获得良好的增重效果，一般在精料中可占30%～40%。种公牛日粮不超过30%。在短期强度育肥架子牛日粮中棉籽饼可占精料的60%。

③ 花生饼（粕） 花生饼（粕）是花生脱壳后，经机械压榨或溶剂浸提油后的副产品。其营养价值较高，花生饼的粗蛋白质含量约44%，花生粕的粗蛋白质含量约47%，粗蛋白质含量高，但63%为不溶于水的球蛋白，可溶于水的白蛋白仅占7%。氨基酸组成不平衡，赖氨酸含量只有大豆饼（粕）的一半，蛋氨酸含量也较低，精氨酸含量较高。花生饼（粕）的有效能值在饼粕类饲料中最高。钙、磷含量低，磷多为植酸磷，铁含量略高，其他矿物质元素含量较少。花生饼（粕）的营养成分随含壳量的多少而有差异，带壳的花生饼（粕）粗纤维含量为20%～25%，粗蛋白质及有效能值相对较低。花生饼（粕）中含有少量胰蛋白酶抑制因子，由于花生饼（粕）极易感染黄曲霉，产生黄曲霉毒素，因此犊牛期间禁止饲喂。花生饼（粕）对奶牛、肉牛的饲用价值与大豆饼（粕）相当。花生饼（粕）有通便作用，采食过多易导致软便。经高温处理的花生饼（粕），蛋白质溶解度下降，可提高过瘤胃蛋白量，提高氮沉积量。

④ 菜籽饼（粕） 有效能值较低，适口性较差。粗蛋白质含量34%～38%，氨基酸组成合理，含硫氨基酸较多，精氨酸含量低。粗纤维含量较高，为12%～13%。矿物质中钙和磷的含量均高，但大部分为植酸磷，富含铁、锰、锌、硒，特别是硒含量达1.0毫克（每

图5-23 菜籽饼

千克饲料干物质），是常用植物性饲料中最高者（图5-23）。菜籽饼（粕）中含有硫葡萄糖苷、芥子碱、植酸、鞣酸等抗营养因子。菜籽饼（粕）对牛适口性差，长期大量使用可引起甲状腺肿大，肉牛精料中使用5%～10%对胴体品质无不良影响，奶牛精料中使用10%以下，产奶量及乳脂率正常。低毒品种菜籽饼（粕）饲养效果明显优于普通品种，可提高使用量，奶牛最高可用至25%。

⑤ 另外还有胡麻饼（粕）、芝麻饼（粕）、葵花籽饼（粕）都可以作为肉牛蛋白质补充料。

（3）其他植物性蛋白质饲料

① 玉米蛋白粉　粗蛋白质含量40%～60%，氨基酸组成不佳，蛋氨酸、精氨酸含量高，赖氨酸和色氨酸不足。粗纤维含量低，易消化。矿物质含量少，铁较多，钙、磷较少。维生素中胡萝卜素含量较高，B族维生素含量少。富含色素，主要是叶黄素和玉米黄质，是较好的着色剂（图5-24）。由于其比重大，应与其他体积大的饲料搭配使用。肉牛精料添加量以30%为宜，过高则影响生产性能。

图5-24　玉米蛋白粉

② 豆腐渣　豆腐渣是来自豆腐、豆奶加工厂的副产品，为黄豆浸渍制成豆乳后，过滤所得的残渣，过去主要供食用，现多用作饲料（图5-25）。干物质中粗蛋白质、粗纤维和粗脂肪含

图5-25　豆腐渣

量较高，维生素含量低且大部分转移到豆浆中，与豆类籽实一样含有抗胰蛋白酶因子。鲜豆腐渣是良好的多汁饲料，可提高奶牛产奶量，鲜豆腐渣经干燥、粉碎可作配合饲料原料，但加工成本较高。这类饲料水分含量高，一般不宜存放过久，否则极易被霉菌及腐败菌污染而变质。

③ 酒糟　酒糟的营养价值高低因原料的种类不同而异。好的粮食酒糟和大麦啤酒糟要比薯类酒糟营养价值高2倍左右。酒糟有丰富蛋白质（19%～30%）、粗脂肪和丰富的B族维生素，是牛的一种廉价饲料（图5-26）。酒糟对反刍家畜有良好的饲用价值。

图5-26　啤酒糟

对于奶牛、肉牛等可使用精料总量的50%以下。酒糟中含有一些残留的酒精，对妊娠母牛不宜多喂，用量5%～7%。

啤酒糟是啤酒工业的主要副产品，是以大麦为原料，经发酵提取籽实中可溶性碳水化合物后的残渣。粗蛋白质含量为22%～27%，氨基酸组成与大麦相似；粗纤维含量较高（约15%），矿物质、维生素丰富；粗脂肪含量高达5%～8%，其中亚油酸占50%以上。啤酒糟多用于反刍动物，奶牛饲粮中可使用50%，肉牛饲粮中可取代部分或全部豆粕。

白酒糟是以富含淀粉的原料（高粱、玉米、大麦等）酿造白酒所得的糟渣副产品，也称酒糟。我国近年白酒年产量约800万吨，酒糟产量约2500万吨。限制酒糟饲用的因素有水分高、酸度大、有酒精残留、粗纤维含量高等。

④ 醋糟　以大米、高粱、麦麸、米糠等为原料，经发酵酿造提取醋后的残渣（图5-27）。营养

图5-27　醋糟

价值因原料和酿造工艺不同而异，粗蛋白质含量10%～20%，由于制醋时加入了稻壳、谷壳、高粱壳等用于填充料，粗纤维含量较高。使用时避免单一饲喂，最好和碱性饲料混合使用。

2.单细胞蛋白质饲料

单细胞蛋白质是单细胞或具有简单构造的多细胞生物的菌体蛋白的统称。主要包括酵母、真菌及藻类。以饲料酵母最具代表性，饲料酵母含蛋白质高（40%～60%），生物学价值较高，脂肪低，粗纤维、灰分含量取决于酵母来源。B族维生素含量丰富，矿物质中钙含量低而磷、钾含量高。酵母在日粮中可添加2%～5%，用量一般不超过10%。

市场上销售的"饲料酵母"大多数是固态发酵生产的，确切一点讲，应称为"含酵母饲料"，这是以玉米蛋白粉等植物性蛋白质饲料作培养基，经接种酵母菌发酵而成，这种产品中真正的酵母菌体蛋白质含量很低，大多数蛋白质仍然以植物性蛋白质形式存在，其蛋白质品质较差，使用时应与饲料酵母加以区别。

3.非蛋白氮饲料

指含氮的非蛋白质可饲物质。一般指通过化学合成的尿素、缩二脲、铵盐等。牛瘤胃中的微生物可利用这些非蛋白氮合成微生物蛋白质，和天然蛋白质一样被宿主消化利用。

（1）尿素　尿素含氮46%左右，1千克含氮为46%的尿素其含氮量相当于6.8千克含粗蛋白质42%的豆粕。尿素的溶解度很高，在瘤胃中很快转化为氨，尿素饲喂不当会引起致命性的中毒。因此使用尿素时应注意以下事项。

① 对象：6月龄以上反刍动物。

② 喂量：不超过日粮总氮的30%；不超过日粮干物质的1%；不超过精料的2%；每100千克体重日喂20～30克。

③ 适应期：2～4周。

④ 饲喂方式：拌入精料直接饲喂；青贮添加（0.3%～0.5%）；粗饲料氨化；制成舔砖供舔食。

⑤ 切忌：不宜单喂；不能溶于水饮用；不与含脲酶活性高的饲料混喂（如生的豆类或豆饼、苜蓿籽等）。

近年来，为降低尿素在瘤胃中的分解速度，改善尿素氮转化为微生物氮的效率，防止牛尿素中毒，研制出了许多新型非蛋白氮饲料，如糊化淀粉尿素、异丁基二脲、磷酸脲、羟甲基尿素等。

（2）铵盐　铵盐利用形式主要有以下几种。

① 硫酸铵：白色或微黄色结晶，含氮约20%。

② 碳酸氢铵：白色结晶，含氮约17%。

③ 多磷酸铵：复合肥，含氮22%，含五氧化二磷34.4%。

④ 氯化铵：含较多氯离子，较少使用。

六、矿物质饲料

1.常量矿物质饲料

常量矿物质饲料一般指为牛提供钠源、钙源、磷源及微量元素的饲料。

（1）钠源饲料　食盐的主要成分是氯化钠，用其补充植物性饲料中钠和氯的不足，还可以提高饲料的适口性，增加食欲。食盐制成盐砖更适合放牧牛舔食。肉牛喂量为精料的1%左右。碳酸氢钠又称小苏打，无色结晶粉末，无味，略具潮解性，水溶液呈微碱性，受热易分解释放出二氧化碳。碳酸氢钠含钠27%，生物利用率高，可作为优质钠源利用。具缓冲作用，调节饲粮电解质平衡和胃肠道pH值。牛饲料中添加0.5% ～ 2%调节瘤胃pH，防止精料型饲粮引起代谢性疾病，与氧化镁配合使用效果更佳。

（2）钙源饲料　石粉是廉价的钙源，含钙量为38%左右。是补充钙营养的最廉价的矿物质饲料。磷酸氢钙、磷酸二氢钙、磷酸钙是常用的无机磷饲料。肉牛禁用骨粉和肉骨粉等动物性饲料。沸石可在肉牛精料混合料中添加4% ～ 6%，能吸附胃肠道有害气体，并将吸附的铵离子缓慢释放，供牛体合成菌体蛋白，提高牛对饲料养分的利用率，为牛提供多种微量元素。

2.微量矿物质饲料

指铁、铜、锌、硒、锰、钴等微量元素饲料，添加量虽少，作用却不容忽视。

（1）铁　肉牛对铁的需要量约为50毫克（每千克饲料干物质）。对哺乳幼龄犊牛所做研究显示，饲粮中铁的含量至少达到40～50毫克（每千克饲料干物质），才能保证动物正常生长和防止贫血。大龄肉牛对铁的需要量要略低于幼龄犊牛，这是因为大龄肉牛在红细胞更新时会产生大量再循环铁供机体利用。谷物籽实中含铁量通常为30～60毫克（每千克饲料干物质），油料籽实的饼、粕中含铁量为100～200毫克（每千克饲料干物质）。牧草中的含铁量变异范围很大，但大多数牧草中的铁含量为70～500毫克（每千克饲料干物质），牧草中铁含量的变异可能与土壤的铁污染有关。饮水和舔食土壤也是肉牛获得大量铁的来源。牧草中铁的有效性低于铁元素的矿物质补充剂。饲粮中一般采用硫酸亚铁、碳酸亚铁或氧化铁来补充铁。硫酸亚铁中铁的利用率最高，碳酸亚铁居中，氧化铁基本上无法被动物利用。

（2）铜　铜的需要量变化范围为每千克饲粮（干物质）含铜4～15毫克，这主要取决于饲粮中钼和硫的浓度。在肉牛饲粮中，铜的推荐浓度为10毫克（每千克饲料干物质）。如果饲粮硫浓度不超过0.25%、钼含量不超过2毫克（每千克饲料干物质），此推荐浓度可以为肉牛提供足够的铜。舍饲育肥肉牛饲粮中铜的添加量低于10毫克（每千克饲料干物质）饲粮也可以满足动物的需要，因为饲喂的精料比粗料可以提供更多的铜。铜通常以硫酸铜、碳酸铜及氧化铜的形式添加到饲粮或自由采食的矿物质补充料里。研究表明，氧化铜的生物利用率大大低于硫酸铜。在早期的研究中，碳酸铜的效价与硫酸铜相当。多种有机铜也是可以选用的。给犊牛饲喂高铜饲粮时，蛋白铜比硫酸铜的生物学利用率更高，给阉牛饲喂高铜饲粮时，蛋白铜和硫酸铜的生物学利用率是相同的。也有研究表明，肉牛对赖氨酸铜、硫酸铜的生物学利用率相似。

（3）锌　肉牛饲粮中锌的推荐量是30毫克（每千克饲料干物质）。这一含量可以满足动物在大部分情况下对锌的需要。哺乳犊牛在锌含量为7～17毫克（每千克饲料干物质）的人工草地上放牧时，添加锌可以提高增重速率。牧草中锌的含量受包括植物种类、成熟程度和土壤含锌量等在内的多种因素的影响，豆科植物中锌的含量高于禾本科植物。谷物籽实中锌的含量通常为20～30毫克（每千克饲料干物质），植物性蛋白质饲料中锌的含量为50～70毫克（每千克饲料干物质）。具有生物有效性的锌源饲料包括氧化锌、硫酸锌、蛋氨酸锌和锌蛋白质盐等。硫酸盐中的锌和氧化锌形式的锌在反刍动物中的生物有效性相近。蛋氨酸锌和氧化锌的吸收途径相似，但是蛋氨酸锌吸收后的代谢途径与氧化锌不同。

（4）硒　肉牛饲粮中硒的需要量为0.1毫克（每千克饲料干物质），已有研究证明，提高饲粮硒水平可以增加母体肠道组织和乳腺组织的血管分布，对于正在发育或新生后代的营养物质运输具有重要意义。美国联邦法规定，肉牛饲粮中硒的补充量为每日每头牛3毫克，或全价饲料中硒含量为0.3毫克（每千克饲料干物质），其他补加硒的方法包括：按每3～4个月一个周期或者在关键生产阶段通过注射方法补加硒，还可应用硒丸颗粒的方式补充硒。

（5）锰　生长育肥牛饲粮中锰的需要量大约为20毫克（每千克饲料干物质）。肉牛实现最高生长速率的锰需要量低于骨骼正常发育的锰的需要量，用于繁殖的锰需要量高于用于生长和骨骼发育的锰需要量，其中处于繁育期母牛饲粮中锰的推荐量为40毫克（每千克饲料干物质）。牧草中通常富含锰，一般认为牧草本身具有吸收锰的能力。玉米青贮中锰含量较低，谷物籽实中含锰量一般在5～40毫克（每千克饲料干物质），其中玉米籽粒中含量尤其低。植物性蛋白质饲料中锰的含量通常为30～50毫克（每千克饲料干物质），而动物性蛋白质饲料中锰的含量只有5～15毫克（每千克饲料干物质）。补充反刍动物饲料中的锰可以选择硫酸锰、氧化锰或各种有机形态的锰。硫酸锰的利用形式高于氧化锰，与硫酸锰相比，蛋氨酸锰的相对利用率大约为120%。

（6）钴　不同的研究结果表明，饲粮干物质中钴的浓度为0.07～0.11毫克（每千克饲料干物质）是适宜的，幼龄并处于快速生长阶段的牛比老龄牛对钴的缺乏更敏感。饲喂玉米饲粮基础的肉牛中钴的需要量推荐值为0.15毫克（每千克饲料干物质），饲喂大麦饲粮基础的肉牛钴的需要量更高一些。通过给牛提供自由采食矿物质补充料的方式来补充钴。饲料级含钴矿物质包括硫酸钴和碳酸钴。在一些放牧地区，采用含有氧化钴和细铁屑制成的钴丸颗粒，或者采用缓释玻璃制成含钴弹丸颗粒给反刍动物补充钴。

七、维生素饲料

维生素饲料指为牛提供各种维生素的饲料，包括工业提纯的单一维生素和复合维生素。肉牛有发达的瘤胃，其中的微生物可以合成维生素K和B族维生素，肝、肾中可合成维生素C，一般除犊牛外，不需额外添加。只考虑维生素A、维生素D、维生素E。维生素A乙酸酯（20万单位）添加量为每千克日粮干物质14毫克。维生素D_3微粒（1万单位）添加量为每千克日粮干物质27.5毫克。维生素E粉（20万单位）添加量为每千克日粮干物质0.38～3.0毫克。

八、饲料添加剂

饲料添加剂是配合饲料的添加成分，专指为强化日粮的营养价值、提高饲料利用率、促进动物生长和预防疾病、减少饲料贮存期营养物质的损失以及改进动物产品品质等而加进饲料的微量添加物，其基本作用有：提高饲料利用率，改善饲料适口性，促进畜禽生长发育，改善饲料加工性能，改善畜产品品质，合理利用饲料资源。

1.营养性添加剂

（1）微量元素添加剂　主要是补充饲粮中微量元素的不足。铁、铜、锌、锰、碘、硒、钴等都是牛必需的营养元素，应根据饲料中的含量适宜添加硫酸铜、硫酸亚铁、硫酸锌、硫酸锰、碘化

高效养牛全彩图解＋视频示范

钾、亚硒酸钠、氯化钴等。

（2）维生素添加剂　成年牛的瘤胃微生物可以合成维生素K和B族维生素，肝、肾中可合成维生素C，一般除犊牛外，不需额外添加，只考虑维生素A、维生素D、维生素E。

（3）氨基酸添加剂　正常情况下成年牛不需添加必需氨基酸，但犊牛应在饲料中供给必需氨基酸，快速生长的肉牛在饲料中添加过瘤胃保护氨基酸，可使生产性能得到改善。近年来研究证明，快速育肥肉牛除瘤胃自身合成的部分氨基酸外，日粮中还需一定量的氨基酸。一般在瘤胃微生物合成的微生物蛋白中蛋氨酸较缺乏，为牛的限制性氨基酸。人工合成作为添加剂使用的主要是赖氨酸和蛋氨酸等。

2.非营养性添加剂

（1）瘤胃发酵调控制剂　合理调控瘤胃发酵，对提高肉牛的生产性能，改善饲料利用率十分重要。瘤胃发酵调控剂包括脲酶抑制剂、瘤胃代谢控制剂、瘤胃缓冲剂等。

① 脲酶抑制剂。脲酶抑制剂是一类能够调控瘤胃微生物脲酶活性，从而控制瘤胃中氨的释放速度，达到提高尿素等利用率的一类添加剂。

a.适宜的磷酸钠水平，具有抑制脲酶活性的作用，磷酸钠是一种来源广泛、价格低廉的脲酶抑制剂，使用时只要和尿素一起均匀拌入精料中即可。

b.氧肟酸盐是国内外认为最有效的一类脲酶抑制剂，需经化学方法合成，工艺较复杂，虽然效果好，但成本高。

② 瘤胃代谢控制剂。瘤胃代谢控制剂可以增加瘤胃内能量转化率较高的丙酸的产量，减少甲烷气体的生成引起的能量损失，减少蛋白质在瘤胃中降解脱氨损失，增加瘤胃蛋白数量。提高干物质和能量表观消化率。减少瘤胃中乳酸的生成和积累，维持瘤胃正常pH值，防止乳酸中毒；作为离子载体，促进细胞内外离子交换，增加对磷、镁及某些微量元素在体内沉积。通过以上途径提高肉牛的增

重和饲料利用效率。主要包括聚醚类抗生素——莫能菌素、卤代化合物、二芳基碘化学品等。

③ 瘤胃缓冲剂。对于肉牛，要获取较高的生产性能，必须供给其较多的精料。但精料量增多，粗饲料减少，会形成过多的酸性产物。另外，大量饲喂青贮饲料，也会造成瘤胃酸度过高，影响牛的食欲，瘤胃pH值下降，并使瘤胃微生物区系被抑制，对饲料消化能力减弱，在高精料日粮和大量饲喂青贮时适当添加缓冲剂，可以增加瘤胃内碱性蓄积，改变瘤胃发酵，增强食欲，提高养分消化率，防止酸中毒。比较理想的缓冲剂首推碳酸氢钠（小苏打），其次是氧化镁。

（2）抗生素添加剂　由于抗生素饲料添加剂会干扰成年牛瘤胃微生物，一般不在成年牛中使用，只应用于犊牛。犊牛常用的抗生素添加剂有以下几种。

① 杆菌肽。以杆菌肽锌应用最为广泛，其能抑制病原菌的细胞壁形成，影响其蛋白质合成和某些有害的功能，从而杀灭病原菌；能使肠壁变薄，从而有利于营养吸收；能够预防疾病（如下痢、肠炎等），并能将因病原菌引起碱性磷酸酶降低的浓度恢复到正常水平，使牛正常生长发育，对虚弱犊牛作用更为明显。

② 硫酸黏杆菌素。又称抗敌素、多黏菌素E，作为饲料添加剂使用时，可促进生长和提高饲料利用率，对沙门菌、大肠杆菌、铜绿假单胞菌等引起的菌痢具有良好的防治作用。但大量使用可导致肾中毒。

③ 喹乙醇。喹乙醇抗菌谱广，尤其是对大肠杆菌、变形杆菌、沙门菌等有显著的抑制效果，能抑制有害菌，保护有益菌，对腹泻有极好的治疗效果，并具有促进动物体蛋白同化作用，能提高饲料氮利用率，从而促进生长，提高饲料转化率。

（3）益生素添加剂　又称活菌制剂或微生物制剂。是一种在实验室条件下培养的细菌，用来解决由于应激、疾病或者使用抗生素而引起的肠道内微生物平衡失调。其产品有两大特点：一是包含活的微生物；二是通过在口腔、胃肠道、上呼吸道或泌尿生殖道内发挥作用而改善肉牛的健康。

目前用于生产益生素的菌种主要有乳酸杆菌属、粪链球菌属、芽孢杆菌属和酵母菌属等。我国1994年批准使用的益生菌有6种，即芽孢杆菌、乳酸杆菌、粪链球菌、酵母菌、黑曲菌、米曲菌。牛则偏重于真菌、酵母类，并以曲霉菌效果较好。

（4）酶制剂　酶是活细胞产生的具有特殊催化能力的蛋白质，是促进生物化学反应的高效物质。现在工业酶制剂主要采用微生物发酵法从细菌、真菌、酵母菌等微生物中提取，目前批准使用的酶制剂有12种，即蛋白酶、淀粉酶、支链淀粉酶、果胶酶、脂肪酶、纤维素酶、麦芽糖酶、木聚糖酶、葡聚糖酶、甘露聚糖酶、植酸酶、葡萄糖氧化酶。

第二节
肉牛日粮配合和精饲料制作

一、日粮配合

1.基本概念

日粮：满足一头牛一昼夜所需各种营养物质而采食的各种饲料总量。

饲粮：按日粮中各原料组成的百分比配合成的混合饲料。

饲料配方：依据营养需要量所确定的饲粮中各饲料原料组成的百分比构成。

浓缩饲料：又称为蛋白质补充饲料，是由蛋白质饲料（豆粕、玉米蛋白粉等）、矿物质饲料（小苏打等）及添加剂预混料配制而成的配合饲料半成品。

精料补充料：为了补充以粗饲料、青绿饲料、青贮饲料为基础的草食动物的营养而用多种饲料原料按一定比例配制的饲料，也称混合精料。主要由能量饲料、蛋白质饲料、矿物质饲料和部分饲料添加剂组成（图5-28）。

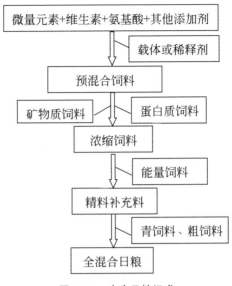

图5-28　肉牛日粮组成

2. 日粮配合原则

（1）根据肉牛体重、育肥阶段选用相应的饲养标准。

（2）严格把控饲料质量，确保饲料无杂质、无霉变和饲料的适口性、可消化性。

（3）饲料种类要多样化，日粮的营养要全面。

（4）尽量选用当地饲料资源，按质优、经济、价廉选择原料，在保证营养的同时力求配方成本最低。

（5）设计出的产品要符合国家法律法规及条例，违禁药物或添加剂（如瘦肉精、己烯雌酚等）绝不添加。

3. 日粮配制步骤

（1）根据年龄、体重、生产水平，对照饲养标准表，确定需要量。

（2）查询饲料成分和市场价格，必要时对饲料原料进行化验，列出饲料的营养成分。

（3）按照经验确定日粮的大致比例，对配方进行计算、比较和平衡调整。

（4）配制饲料，进行生产性能检验和个体观察，对配方进行微调。

二、精饲料制作

精饲料的加工调制主要目的是便于牛咀嚼和反刍，为合理和均匀搭配饲料提供方便。适当的调制还可以提高养分的利用率。

1.粉碎与压扁

精饲料最常用的加工方法是粉碎，可以为合理和均匀地搭配饲料提供方便，但用于肉牛日粮不宜过细。粗粉与细粉相比，粗粉可提高适口性，提高牛唾液分泌量，增加反刍，一般筛孔通常3～6毫米。将谷物用蒸汽加热到120℃左右，再用压扁机压成厚1毫米的薄片，迅速干燥。压扁饲料中的淀粉经加热糊化后用于饲喂牛，消化率明显提高。

2.浸泡

豆类、油饼类、谷物等饲料经浸泡，吸收水分，膨胀柔软，容易咀嚼，便于消化。而豆饼、棉籽饼等相当坚硬，不经浸泡很难嚼碎。

浸泡方法：用池子或缸等容器将饲料用水拌匀，一般料水比为1∶（1～1.5），即手握指缝渗出水滴为准，不需任何温度条件。有些饲料中含有鞣酸、棉酚等有毒物质，并带有异味，浸泡后毒素、异味均可减轻，从而提高适口性。浸泡的时间应根据季节和饲料种类的不同而异，以免引起饲料变质。

3.肉牛饲料的过瘤胃保护技术

强度育肥的肉牛补充过瘤胃保护蛋白质、过瘤胃淀粉和脂肪后都能提高生产性能。

（1）**热处理**　加热可降低饲料蛋白质的降解率，但过度加热也会降低蛋白质的消化率，引起一些氨基酸、维生素的损失，应适度加热。通常，140℃左右烘焙4小时或130～145℃火烤2分钟最为适宜。目前，将膨化技术应用于全脂大豆已取得特别理想的效果。加热可降低饲料蛋白质的降解率，但过度加热也会降低蛋白质的消化率，引起一些氨基酸、维生素的损失。

（2）**化学处理**

① 锌处理。锌盐可以沉淀部分蛋白质，从而降低饲料蛋白质在瘤胃的降解。处理方法：硫酸锌溶解在水里，其比例为豆粕：水：硫酸锌＝1：2：0.03，拌匀后放置2～3小时，50～60℃烘干。

② 鞣酸处理。用1%的鞣酸均匀地喷洒在蛋白质饲料上，混合后烘干。

③ 过瘤胃保护脂肪。许多研究表明，直接添加脂肪对反刍动物效果不好，脂肪在瘤胃中干扰微生物的活动，降低纤维消化率，影响生产性能，所以添加的脂肪采取某种方法保护起来，形成过瘤胃保护脂肪。常用的有脂肪酸钙产品。

4. 糊化淀粉尿素

将粉碎的高淀粉谷物饲料玉米、高粱（70%～80%）与尿素（15%～25%）混合后，通过糊化机在一定的温度、湿度和压力条件下进行糊化，从而降低氨的释放速度。每千克糊化淀粉尿素的蛋白质含量相当于棉籽饼的2倍、豆饼的1.6倍，而价格便宜。

※⇒ **第三节** ⇐※

肉牛粗饲料加工调制技术

一、粗饲料加工调制的主要途径

粗饲料经过适宜加工处理，可明显提高其营养价值。大量科学研究和生产实践证明，粗饲料经一般粉碎处理可提高采食量

高效养牛全彩图解＋视频示范

7%；加工制粒可提高采食量37%；而经化学处理可提高采食量18%～45%，提高有机物的消化率30%～50%。因此，粗饲料的合理加工处理对开发粗饲料资源具有重要意义。目前粗饲料加工调制的主要途径有物理、化学和生物学处理。

1.物理加工

（1）机械加工　是指利用机械将粗饲料铡碎、粉碎或揉碎，这是粗饲料利用最简便而又常用的方法。尤其是秸秆饲料比较粗硬，加工后便于咀嚼，减少能耗，提高采食量，并减少饲喂过程中的饲料浪费。但试验表明，粗饲料切短和粉碎可增加采食量，但饲料颗粒过小在瘤胃里停留的时间也被缩短，会引起纤维物质消化率下降和瘤胃内挥发性脂肪酸生成速度和丙酸比例有所增加，引起反刍减少，导致瘤胃内pH下降，因此，长度应适宜。

① 铡碎。利用铡草机将粗饲料切短至1～2厘米，稻草较柔软，可稍长些，而玉米秸秆较粗硬且有结节，以1厘米左右为宜。玉米秸青贮时，应使用铡草机切短至2厘米左右，以便于踩实（图5-29）。

图5-29　秸秆铡碎

② 粉碎。粗饲料粉碎可提高饲料利用率和便于混拌精饲料。粉碎的细度不应太细，否则会影响反刍。粉碎机筛底孔径以8～10毫米为宜（图5-30）。

③ 揉碎。为适应反刍家畜对粗饲料利用的特点，将秸秆饲料揉搓成丝条，尤其适于玉米秸的揉碎。秸秆揉碎不仅可提高适口性，也提高了饲料利用率，是当前秸秆饲料利用比较理想的加工

图5-30　秸秆粉碎

图5-31 秸秆揉碎

方式（图5-31）。

（2）热加工 热加工主要指蒸煮、膨化和高压蒸汽裂解3种方法。

① 蒸煮。将切碎的粗饲料放在容器内加水蒸煮，以提高秸秆饲料的适口性和消化率。

② 膨化。切碎粗料放入密闭容器，加热加压，迅速解除压力喷放，使其暴露在空气中膨胀。饲料细胞结构疏松，木质素和纤维素、半纤维素发生部分分解和结合键断开，消化率提高，适口性增加。

③ 高压蒸汽裂解。高压蒸汽裂解是将各种农林副产物（如稻草、蔗渣、刨花、树枝等）置入热压器内，通入高压蒸汽，使物料连续发生蒸汽裂解，以破坏纤维素、木质素的紧密结构，并将纤维素和半纤维素分解出来，以利于反刍动物消化。

（3）制粒 把秸秆粉制成颗粒，可提高采食量和增重效率。颗粒饲料质地坚硬，能满足瘤胃的机械刺激。颗粒饲料在瘤胃内降解后有利于微生物发酵及皱胃消化，草粉与精料混合制成颗粒饲料获更好效果。牛的颗粒饲料一般需大些，采食量相同情况下利用效率高于长草。所需设备多，加工成本高（图5-32）。

图5-32 制粒

2.化学处理

利用酸、碱等化学物质对劣质粗饲料——秸秆饲料进行处理，降解纤维素和木质素等难以消化的物质，以提高其饲用价值。化学处理粗饲料的方法主要有碱化、氨化和酸处理等。

（1）碱化处理 通过碱类物质的氢氧根离子破坏木质素与半纤维素间的酯键，木质素形成羟基木质素而大部分溶解，释放出纤维素和半纤维素，并使饲料软化，提高了粗饲料消化率（10%～20%）。

① 氢氧化钠处理。1921年贝克曼提出"湿法处理"，即用1.5%NaOH溶液浸泡24小时，再用水反复冲洗至中性；缺点是干物质损失严重，用水量大，污染江河。1964年威尔逊提出"干法处理"，即用占秸秆重5%的NaOH配制成30%溶液，喷洒秸秆后堆放；缺点是适口性差，排泄物中的钠离子对土壤和环境造成污染。

② 石灰水处理。生石灰加水后生成的氢氧化钙，是弱碱溶液，经充分熟化和沉积后，用上层的澄清液（即石灰乳）处理秸秆。具体方法是每100千克秸秆需3千克生石灰，加水200～300千克，将石灰乳均匀喷洒在粉碎的秸秆上，堆放在水泥地面上，经1～2天后可直接饲喂牲畜。这种方法成本低，生石灰来源广，方法简便，效果明显。

（2）氨化处理 秸秆饲料蛋白质含量低，当与氨相遇时，其有机物与氨发生氨解反应，破坏木质素与多糖（纤维素、半纤维素）链间的酯键结合，并形成铵盐，成为反刍动物瘤胃内的氮源。同时，氨溶于水形成的氢氧化铵对粗饲料有碱化作用。因此，氨化处理时通过氨化与碱化双重作用以提高秸秆的营养价值。秸秆氨化处理后，粗蛋白质含量可提高100%～150%，纤维含量降低10%，有机物消化率提高20%以上。氨化后的秸秆可改善适口性，提高采食量，可防止饲料霉坏，使秸秆中夹带的野生草籽不能发芽繁衍。氨源主要有液氨、氨水、尿素和碳酸氢铵等，氨化处理主要方法有堆垛法、氨化炉法、窖池法。

（3）酸处理 用酸破坏木质素与多糖（纤维素、半纤维素）链间的酯键结构使饲料软化，提高粗饲料消化率。但成本太高，生产上很少用。

（4）氨碱复合处理 为了使秸秆饲料既能提高营养成分含量，又能提高饲料的消化率，把氨化与碱化两者的优点结合利用，即秸秆饲料氨化后再进行碱化。可明显提高秸秆中粗蛋白质含量，提高消化率、采食量和日增重等，较普通氨化效果好。如稻草氨化处理的消化率为55%，复合处理后则达到71.2%。复合处理投入成本较高。

3.生物学处理

粗饲料的生物学处理主要是指利用某些有益微生物和酶，在适宜条件下，分解秸秆中难于被动物消化利用的部分（植物细胞壁成分），从而提高其饲用价值。优点是通过降解纤维素、半纤维素及木质素等释放出可消化养分；增加菌体蛋白、维生素、酶及其他有益物质；软化秸秆，改善味道，提高适口性。但是微生物的增殖伴随着可消化养分的损失；杂菌的污染可产生某些毒素；培养条件难以控制；处理过程增加成本。常用菌种有细菌（如乳酸菌）、真菌（酵母菌、霉菌和担子菌）等，其中以白腐真菌分解木质素能力最为突出。

二、青干草调制技术

青干草是将牧草及禾谷类作物在质量和产量最好的时期刈割，经自然或人工干燥调制成的能够长期保存的饲草。

1.青干草调制原理

（1）饥饿代谢阶段 从收割到水分降至40%左右。主要特点是植物细胞尚未死亡，呼吸作用消耗养分。水分蒸发快，4～8小时从80%降至40%～50%。

（2）成分分解阶段 水分由40%降至17%左右。主要是植物细胞死亡，但其酶类和微生物酶类分解养分，同时阳光曝晒也破坏养分。水分蒸发慢，需1～2天。

（3）其他养分变化 在紫外线照射下，麦角固醇转化为维生素D；贮藏期间蜡质、挥发油、萜烯等物质氧化产生醛类和醇类（芳香气味），增加适口性。

2.青干草调制方法

青干草调制的方法主要有自然干燥法和人工干燥法，人工干燥法调制的青干草品质好，但成本高。

（1）田间干燥法　牧草刈割后，在原地或附近干燥地段摊开曝晒，每隔数小时加以翻晒，待水分降至40%～50%时，用搂草机械或手工搂成松散的草垄，也可集成0.5～1米高的草堆，保持草堆的松散通风，天气晴好可倒堆翻晒，天气恶劣时小草堆外面最好盖上塑料布，以防雨水冲淋。直到水分降至17%以下即可贮藏，如采用摊晒和捆晒相结合的方法，可以更好地防止叶片、花序和嫩枝的脱落。

（2）草架干燥法　在湿润地区或多雨季节晒草，地面干燥时容易导致牧草腐烂和养分损失，故宜采用草架干燥。用草架干燥，可先在地面干燥4～10小时，待含水率降到40%～50%时，自下而上逐渐堆放。草架干燥方法，虽然要花费一定经费建造草架，并多耗费一定的劳动力，但能减少雨淋的损失，通风好，干燥快，能获得品质优良的青干草，其营养损失比地面干燥法减少5%～10%（图5-33）。

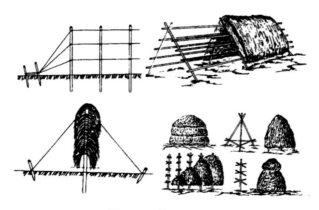

图5-33　草架干燥法

（3）发酵干燥法　由于此法干燥牧草营养物质损失较多，故只在连续阴雨天气的季节采用。将刈割的牧草在地面铺晒，使新鲜

牧草凋萎，当水分减少至50%时，再分层堆积高3～6米，逐层压实，表层用塑料膜或土覆盖，使牧草迅速发热。待堆内温度上升到60～70℃，打开草堆，随着发酵产生的热量的散发，可在短时间内风干或晒干，制得棕色干草，具酸香味，如遇阴雨天无法晾晒，可以堆放1～2个月，类似青贮原理。为防止发酵过度，每层牧草可撒青草重0.5%～1.0%的食盐。

图5-34　割草压扁机

（4）压裂草茎干燥法　用割草压扁机把牧草茎秆压裂，破坏茎的角质层膜和表皮及微管束，充分暴露在空气中，加快茎内水分散失，可使茎秆的干燥速度和叶片基本一致，良好空气条件下干燥时间可缩短1/3～1/2。适合于豆科牧草和杂草类干草调制（图5-34）。

（5）人工干燥法　通过人工热源加温使饲料脱水。温度越高，干燥时间越短，效果越好。150℃干燥20～40分钟即可；温度高于500℃，6～10秒即可。高温干燥的最大优点是，时间短，不受雨水影响，营养物质损失小，能很好地保留原料本色。但机器设备耗资巨大，且干燥过程耗资较多。

3.青干草贮藏与管理

合理贮藏干草，是调制干草过程中的一个重要环节，贮藏管理不当，不仅会损失干草的营养物质，同时也会发生草垛霉烂、发热，引起火灾等严重事故，给养牛生产带来极大困难。

（1）青干草的贮藏方法

① 露天堆垛贮藏。垛址应选择地势平坦干燥、排水良好的地方，同时要求离牛舍不太远。垛底应用石块、木头、秸秆等垫起铺平，高出地面40～50厘米，四周有排水沟。垛的形式一般采用圆

形和长方形两种，无论哪种形式，其外形均应由下向上逐渐扩大，顶部又逐渐收缩成圆形，形成下狭、中大、上圆的形状。垛的大小可根据需要而定。

a.长方形草垛。干草数量多，且较粗大，宜采用长方形草垛，这种垛形暴露面积少，养分损失相对较少。草垛方向，应与当地冬季主风方向平行，一般垛底宽3.5～4.5米。垛肩宽4.0～5.0米，顶高6.0～6.5米，长度视贮草量而定，但一般不宜短于8.0米。堆垛的方法，应从两边开始往里一层一层地堆积，分层踩实，务必使中间部分稍稍隆起，堆至肩高时，使全堆取平，然后往里收缩，最后堆积成45°倾斜的屋脊形草顶，使雨水顺利流下，不致渗入草垛内。长方形草垛需草量大，如一次不能完成，也可从一端开始堆草，保持一定倾斜度，当堆到肩部高时，再从另一端开始，同样堆到肩高两边齐平后收顶。封顶时可用麦秸或杂草覆盖顶部，最后用草绳或泥土封压，以防大风吹刮。

b.圆形垛。干草数量不多，细小的草类宜采用圆垛。和长方形草垛相比，圆形垛暴露面积大，遭受雨雪阳光侵袭面也大，养分损失相对较多。但在干草含水率较高的情况下，圆形垛由于蒸发面积大，发生霉烂的危险性也较小。圆形垛的大小一般底部直径为3.0～4.5米，肩部直径3.5～5.5米，顶高5.0～6.5米，堆垛时从四周开始，把边缘先堆齐，然后往中间填充，使中间高出四周，并注意逐层压实踩紧，垛成后，再把四周乱草梳齐，便于雨水流下（图5-35）。

② 草棚堆垛。气候潮湿或有条件的地方可建造简易干草棚，以防雨雪、潮湿和阳光直射。这种棚舍只需建一个防雨雪的顶棚，以及防潮的底垫即可。存放干草时，应使棚顶与

图5-35　露天堆垛

图5-36　草棚堆垛

干草保持一定距离，以便通风散热（图5-36）。

（2）防腐剂的使用　要使调制成的青干草达到合乎贮藏安全的指标（含水率17%以下），生产上是很困难的。为了防止干草在贮藏过程中因水分过高而发霉变质，可以使用防腐剂，应用较为普遍的有丙酸和丙酸盐、液态氨和氢氧化物（氢氧化铵或氢氧化钠）等。目前，丙酸应用较为普遍。液态氨不仅是一种有效的防腐剂，而且还能增加干草中氮的含量。氢氧化物处理干草不仅能防腐，而且能提高青干草的消化率。

（3）青干草贮藏应注意的事项

① 防止垛顶漏雨。干草堆垛后2～3周内，一般会发生明显塌陷现象，必须及时铺平补好，并用秸秆等覆盖顶部，防止渗进雨水，造成全垛霉烂。盖草的厚度应达10～15厘米，应使秸秆的方向顺着流水的方向，如能加盖两层草苫则防雨能力更强。为使草垛贮存期长，也可用草泥封顶，既可防雨又能压顶，缺点是取用不便。

② 防止垛基受潮。干草堆垛时，最好选一地势较高处作垛基。如牛舍附近无高台，应该在平地上筑一土台。土台高于地面3厘米，四周再挖35厘米左右深宽的排水沟，以免雨水浸渍草垛。不能把干草直接堆在土台上，垛基还必须用树枝、石块、杂木等垫高半尺以上，避免土壤水分渗入草垛，发生霉烂。

③ 防止干草过度发酵。干草堆垛后，营养物质继续发生变化，影响养分变化的主要因素是含水率，凡是含水率在17%以上的干草，植物体内的酶及外部的微生物仍在进行活动，适度的发酵可以使草垛紧实，并使干草产生特有的香味。但过度的发酵会产生高温，不仅无氮浸出物水解造成损失，蛋白质消化率也显著降低。干

高效养牛全彩图解＋视频示范

草水分下降到20%以下时堆垛，才不致有发酵过度的危险。如果堆垛时干草水分超过20%，则垛内应留出通风道，或纵贯草垛，或横贯草垛，20米长的垛留两个横道即可。通风道用棚架支撑，高约3.5米，宽约1.25米，木架应扎牢固，防止草垛变形。

④ 防止草垛自燃。过湿的干草，贮存的前期主要是发酵而产生高温，后期则由于化学作用，产生挥发性易燃物质，一旦进入新鲜空气即引起燃烧。如无大量空气进入，则变为焦炭。要防止草垛自燃，首先应避免含水率超过25%的湿草堆垛。要特别注意防止成捆的湿草混入垛内。过于幼嫩的青草经过日晒后表面上已干燥，实际上茎秆仍然很湿，混入这类草时，往往在垛内成为爆发燃烧的中心。其次要求堆垛时，在垛内不应留下大的空隙，使空气过多。如果在检查时已发现堆温上升至65℃，应立即穿洞降温，如穿洞后温度继续上升，则宜倒垛，否则会导致自燃。

⑤ 干草的压捆。散开的干草贮存愈久，品质愈差，且体积很大，不便运输，在有条件的地方可用捆草机压成 $30 \sim 50$ 千克的草捆。用来压捆的干草的含水率不得超过17%，压过的干草每立方米重 $350 \sim 400$ 千克。压捆后可长久保持绿色和良好的气味，不易吸水，且便于运输，比较安全。

三、青贮制作技术

1.青贮原理

青贮发酵是一个复杂的生物化学过程。其实质是选择适宜的原料，调节原料的水分，将其切碎、压实、密封在容器中，创造厌氧环境，通过乳酸菌的发酵，使饲料中的糖类转变为乳酸。当乳酸在青贮原料中积累到一定浓度时，即pH值下降至 $3.8 \sim 4.2$ 时，抑制了包括乳酸菌在内的各种微生物的生长，从而达到长期保存饲料的目的。

（1）青贮时各种微生物及其作用　刚刈割的青饲料中，带有各种细菌、霉菌、酵母菌等微生物，其中腐败菌最多，乳酸菌很少。

① 乳酸菌。青贮料中的乳酸菌主要是同质发酵的乳酸链球菌、

乳酸杆菌，前者属兼性厌氧菌，pH值4.2时停止活动，后者为厌氧菌，耐酸，pH值为3时才停止活动。各类乳酸菌在含有适量水分和碳水化合物、缺氧环境条件下，可将糖类分解成乳酸，乳酸菌不含蛋白分解酶，不破坏原料中的蛋白质。

② 酪酸菌（丁酸菌）。主要有丁酸梭菌、蚀果胶梭菌、巴氏固氮梭菌等属厌氧、喜水、不耐酸的有害菌。在pH＜4.7时不能繁殖，水分＜70%活动受抑制。酪酸菌活动结果是使糖类分解为丁酸，蛋白质分解为氨，使原料发臭变黏。丁酸具腐臭味，会降低青贮料的品质。当原料中水溶性碳水化合物不足，含水率过高，易使该菌繁殖。

③ 腐败菌。凡能强烈分解蛋白质的细菌统称为腐败菌。此类细菌很多，有嗜高温、嗜中温或低温，好氧、厌氧和兼性菌。腐败菌只在青贮料装压不紧、残存空气多或密封不好时大量繁殖，使粗蛋白质、粗脂肪、碳水化合物分解产生氨、硫化氢、二氧化碳、甲烷和氢气，导致原料变臭变苦，养分损失，不能饲喂家畜，青贮失败。腐败菌不耐酸，pH＜4.4时，可抑制其生长发育，当乳酸形成，pH下降，氧气耗尽后，腐败细菌活动迅速受到抑制，直至死亡。

④ 酵母菌。酵母菌是好氧性菌，喜潮湿，不耐酸。只在原料表层繁殖，可将可溶性糖分解成乙醇等，封窖后随空气的减少，其作用减弱。正常青贮条件下，因青贮料压紧而残氧少，酵母菌活动时间减短，产少量乙醇等芳香物质，使青贮具有特殊气味。

⑤ 醋酸菌。属好氧性菌，青贮初期空气存在条件下大量繁殖。将乙醇（酵母或乳酸发酵）经醋酸菌发酵成醋酸，生成的醋酸可以抑制腐败菌、霉菌、酪酸菌的繁殖。但在不正常条件下，如青贮窖内残氧过多、醋酸多（刺鼻气味），影响适口性，导致饲料品质低。

⑥ 霉菌。霉菌是导致青贮变质的主要好氧性微生物，通常存在于青贮饲料的表层或边缘等易接触空气的部分。正常情况下，霉菌仅生存于青贮初期，酸性环境和厌氧环境抑制霉菌生长。霉菌能破坏有机物，分解蛋白质为氨，使青贮饲料发霉变质并产生酸败，降低青贮品质，失去饲用价值（表5-2）。

表5-2　每克新鲜饲料中微生物的数量

（引自王成章、王恬主编的《饲料学》，2003）

饲料种类	腐败菌	乳酸菌	酵母菌	酪酸菌
草地青草	12.0×10^6	8.0×10^3	5.0×10^3	1.0×10^3
野豌豆燕麦混播	11.9×10^6	1173.0×10^3	189.0×10^3	6.0×10^3
三叶草	8.0×10^6	10.0×10^3	5.0×10^3	1.0×10^3
甜菜茎叶	30.0×10^6	10.0×10^3	10.0×10^3	1.0×10^3
玉米	42.0×10^6	170.0×10^3	500.0×10^3	1.0×10^3

（2）青贮发酵过程

① 好气性活动阶段。植物细胞的呼吸作用，好气性微生物和各种酶利用富含碳水化合物的汁液进行活动，消耗氧气，产生二氧化碳和热量，形成厌氧环境。此过程需历时1～3天。

② 乳酸菌发酵阶段。乳酸菌迅速增殖，形成大量乳酸，导致pH值下降，抑制其他微生物的活动。pH值下降到4.2以下时，乳酸菌本身活动也受到抑制。此过程需历时2～3周。

③ 稳定阶段。pH值下降到3.0后，各种微生物停止活动，青贮饲料进入稳定阶段，营养物质不再损失。

2.青贮制作技术

（1）青贮制作步骤　要制作良好的青贮饲料，必须切实掌握好收割、运输、铡短、装实、封严几个环节。

① 及时收获青贮原料。及时进行青贮加工。铡切时间要短，原料收割后，立即运往青贮地点进行铡切，做到随运、随切、随装窖。有条件的养殖场可采用青贮联合收获机械，收获、铡切一步完成。

② 装窖与压紧。装窖前在窖的底部和四周铺上塑料布防止漏水透气。逐层装入，每层15～20厘米，装一层，踩实一层，边装边踩实。大型窖可用拖拉机碾压，装入一层，碾压一层。直到高出窖口0.5～1米。秸秆黄贮在装填过程中要注意调整原料的水分含量（图5-37）。

扫一扫
观看"青贮制作"
视频

图5-37　全株玉米青贮制作

（2）青贮设施

① 青贮塔。地上圆筒形建筑，用砖和混凝土修建而成，经久耐用。一般塔高10～14米，直径3～6米，装填需用履带式传送机，或者特制吹风筒。取用时可从塔顶或塔底用旋转机械进行。青贮塔制作的青贮品质好，便于机械化作业，但成本高，不宜推广。

② 青贮窖（壕）。青贮窖的四壁呈95°倾斜，窖底的尺寸稍小于窖口；窖深以2～3米为宜，窖的宽度应根据日需要量决定，即每日从窖的横截面取4～8厘米为宜；窖的大小以集中人力2～3天装满为宜；大型青贮窖应用链轨拖拉机碾压，一般取大于其链轨间距2倍以上，最宽12米，深3米。青贮窖应选择在地势高燥、土质坚硬、地下水位低、靠近牛舍、远离水源和粪坑的地方，从长远及经济角度出发，不可采用土窖，宜修筑永久性窖，即用砖石或混凝土结构；土窖既不耐用，原料霉坏又多，极不合算。青贮窖的容量因饲料种类、含水率、原料切碎程度、窖深而发生变化（图5-38）。

图5-38　青贮窖

③ 塑料袋青贮。选用0.2毫米以上厚实的塑料膜做成圆筒形，与相应的袋装青贮切碎机配套；如不移动可以做得大些，如要移动，以装满后两人能抬动为宜；塑料袋可以放在牛舍内、草棚内和院子内，最好避免直接晒太阳而使塑料袋老化碎裂；要注意防鼠、防冻（图5-39）。

图5-39　塑料袋青贮

④ 草捆青贮。主要用于牧草青贮，也可用于水稻和玉米。将新鲜的牧草收割并压制成大圆草捆，用特制塑料薄膜缠裹密封，可制成优质的青贮饲料（图5-40）。注意保护塑料薄膜，不要让其破漏，草捆青贮取用方便，在国外应用较多。

图5-40　裹包机的草捆包被作业

⑤ 堆贮。地面堆积青贮适用于饲养规模较小的农户，多用于南方。选择平坦、干燥、利水、坚实的地面（或用水泥铺地），将青贮原料堆放压实后，再用较厚的塑料膜封严（图5-41）。该法青贮成本低（省去建筑材料），但缺

图5-41　堆贮

点是取料后，与空气接触面大，不及时利用会使青贮质量变差，造成损失。

⑥ L形护栏式青贮窖。简单、结实、低成本、可移动、可用拖拉机碾压、青贮品质高。

（3）制作优质青贮饲料的关键

① 创造厌氧环境。乳酸菌是厌氧菌，只有在没有空气的条件下才能进行生长繁殖。如不排除空气，就没有乳酸菌存在的余地，而好气的霉菌、腐败菌会乘机滋生，导致青贮失败。因此在青贮过程中原料要切短（3厘米以下）、压紧和密封严实，排除空气，创造厌氧环境，以控制好气菌的活动，促进乳酸菌发酵。

② 青贮原料应有适宜的水分。适于乳酸菌繁殖的含水率为70%左右，70%的含水率相当于玉米植株下边有3～5片干叶；如果二茬玉米全株青贮，割后可以晾晒半天；青黄叶比例各半，只要设法压实，即可制作成功。当水分过高超过75%时，青贮易压实结块，汁液流失，导致养分损失，同时此环境利于酪酸菌存活，会使青贮变臭、变坏。当水分过低时，难以踩紧压实，窖内空气多利于好气性菌繁殖，导致青贮发霉、腐败。

原料水分含量的简易判别：a.用手一把握紧切碎的原料，如水能从手指缝间滴出，其水分含量＞75%；需预干凋萎或与干料混贮；b.如水从手指缝间渗出并未滴下来，松手后仍保持球状，手上有湿印，其水分在65%～75%，为最适含水率；c.手松后若草球慢慢膨胀，手上无湿印，其水分在60%～65%，适于豆科牧草青贮；d.手松后若草球立即膨胀，其水分含量＜60%，不宜作普通青贮，需加水调整或作低水分青贮。

③ 青贮原料应有适当的含糖量。最低需要含糖量：乳酸菌形成乳酸，使pH值达4.2时所需要的原料含糖量。正青贮糖差：原料中实际含糖量大于最低需要含糖量。负青贮糖差：原料实际含糖量小于最低需要含糖量。原料为正青贮糖差就容易青贮，负青贮糖差难于青贮。

最低需要含糖量（%）＝饲料缓冲度×1.7

饲料缓冲度是中和每100克饲料干物质中的碱性元素，并使pH值降低到4.2时所需的乳酸克数。因青贮发酵消耗的葡萄糖只有60%变为乳酸，所以得100/60=1.7的系数，也即形成1克乳酸需葡萄糖1.7克。

④ 青贮原料要适时收获。饲料作物青贮，应在作物子实的乳熟期到蜡熟期进行，即兼顾生物产量和动物的消化利用率。玉米秸秆的收贮时间：一是观察子实成熟程度，乳熟较早，枯熟过迟，蜡熟为合适时期；二是青黄叶比例，黄叶比例高时制作的青贮品质差，青叶比例高时制作的青贮品质较好；三是生长天数，一般中熟品种110天就基本成熟，套播玉米在9月10日左右，麦后直播玉米在9月20日左右，就应收割青贮。粮饲兼用玉米秸秆进行青贮，则要掌握好时机，过早会影响子实的产量，过晚又会使秸秆干枯老化、消化利用率降低，特别是可溶性糖分减少，影响青贮的质量。秸秆青贮应在作物子实成熟后立即进行，而且越早越好。

⑤ 青贮需要适宜的温度。青贮原料温度在25～35℃时，乳酸菌会大量繁殖，很快便占主导优势，致使其他一切杂菌都无法繁殖，若原料温度达50℃时，丁酸菌就会生长繁殖，使青贮料出现臭味，以致腐败。因此，除要尽量压实、排除空气外，还要尽可能地缩短铡草装料等制作过程，以减少原材料的氧化产热。

四、微贮制作技术

秸秆微贮饲料就是在粉碎、揉碎或铡碎的作物秸秆中加入秸秆发酵活干菌，放入密封的容器（如水泥池、塑料袋等）内，同时加入秸秆发酵微生物菌种，经一定的发酵过程，使农作物秸秆变成具有酸香味、草食家畜喜食的饲料。微贮饲料具有易消化、适口性好、制作方便、成本低廉等特点。是污染少、效率高、利于工业化生产的重要加工贮存方法之一。

1.微贮设施的准备

微贮可用水泥池、土窑，也可用塑料袋。水泥池是用水泥、黄沙、砖为原料在地下砌成的长方形池子，最好砌成几个相同大小的，以便交替使用。这种池子的优点是不易进气进水，密封性好，经久耐用，成功率高。土窖的优点是：土窖成本低，方法简单，贮量大，但要选择地势高、土质硬、向阳干燥、排水容易、地下水位低的地方。在地下水位高的地方，不宜采用。水泥池和土窖的大小根据需要量设计建设。深度以2～3米为宜。

2.菌种复活

将秸秆发酵活干菌铝箔袋剪开，把菌种倒入0.25千克水中，充分溶解。有条件的情况下，可在水中加糖2克（不能多加），溶解后，再加入活干菌，这样可以提高复活率，保证微贮饲料质量。然后在常温下放置1～2小时使菌种复活，成为复活好的菌种，现用现配，配好的菌剂一定当天用完。

3.菌液的配制

将复活好的菌剂倒入充分溶解的1%食盐水中拌匀。食盐水及菌液量根据秸秆的种类而定，1000千克稻、麦秸秆加3克活干菌、12千克食盐、1200升水；1000千克黄玉米秸加3克活干菌、8千克食盐、800升水；1000千克青玉米秸加1.5克活干菌，水适量，不加食盐。

第四节
非常规饲料在肉牛养殖中的应用

一、农作物秸秆饲用价值评定

1.概略养分分析法

概略养分分析法是由德国Weende试验站的Hannneberg提出的常规饲料分析方案，它将饲料的营养成分分为6种，此为各种饲料营养价值评定的基础，因对纤维的分类不明确，Van Soest提出弥

高效养牛全彩图解 + 视频示范

补粗纤维分类不足的体系，根据植物细胞壁的结构将粗纤维的纤维（CF）成分分为中性洗涤纤维（NDF）、酸性洗涤纤维（ADF）和酸性洗涤木质素（ADL）三大部分，对于 CF 含量较高的牧草，可用 NDF、ADF 和 ADL 这些指标对其饲料营养价值进行评定。但是这个体系也存在一定的局限性，纤维中的其他微量元素没有得到研究。

2. CNCPS 体系

康奈尔净碳水化合物和蛋白质体系（CNCPS）是基于牛用的动态碳水化合物、蛋白质体系，以 Weende 体系和 Van Soest 体系为基础，将静态的饲料化学分析法与反刍动物的消化特性结合起来，从饲料特性与动物特性两方面反映饲料的营养成分及利用情况。因测定指标多，能够更精确地评定饲料的营养价值，同时可以估测动物与饲料之间营养物质的需要量及利用。CNCPS 综合考虑了饲料在瘤胃内的消化、流通速率及吸收，以及经过降解的碳水化合物和蛋白质的利用效率等因素，将饲料中的碳水化合物（CHO）划分为四种组分，即：CA，快速降解部分，主要是糖类；CB_1，中速降解部分，主要是淀粉和果胶；CB_2，缓慢降解部分，主要是可利用的细胞壁；CC，不可利用细胞壁。将粗蛋白质划分为五种，即：PA，非蛋白氮，在瘤胃内能瞬时降解快速转化为氨，但不能到达小肠；PB_1，快速降解真蛋白，几乎全部在瘤胃中降解；PB_2，中速降解真蛋白，其中一部分在瘤胃被发酵，一部分进入后肠道，为动物提供过瘤胃蛋白；PB_3，慢速降解真蛋白，这部分真蛋白可逃脱瘤胃的降解进入小肠被消化吸收；PC，主要是含有与木质素结合的蛋白质、鞣酸蛋白质复合物，或者是含有其他高度抵抗微生物和瘤胃酶类降解的成分。

3. 反刍动物饲料瘤胃消化评定方法

在评定饲料营养价值时，如果只通过化学成分分析来评估饲料营养价值，不能较好地反映不同饲料营养素在机体中的消化吸收情况，因此测定饲料瘤胃消化率是评定饲料可利用性的重要指标。目前，测定饲料瘤胃消化率的方法主要包括半体内法（尼龙袋技术）

和体外产气法。

半体内法是利用尼龙袋技术，将饲料样品装入统一规格的尼龙袋中，然后将其在指定的时间通过瘤胃瘘管放入动物瘤胃中，经过一段时间降解后，取出测定降解后饲料残渣养分含量，计算饲料样品在不同时间点的瘤胃降解速率。后续通过最小二乘法计算瘤胃降解参数，并结合饲料外流速率计算瘤胃有效降解率。尼龙袋技术早在1938年Quin用丝做尼龙袋研究饲料在羊瘤胃中的消化。1977年，Mehrez和Φrskov利用尼龙袋法对样品发酵不同时间后的降解情况进行了描述，并提出可以利用尼龙袋法测定饲粮的降解情况。在我国，冯仰廉先生用尼龙袋法测定了几种精料的消失率。尼龙袋法属于半体内法，其操作简单、费用较低，能为生产提供有效参数，常被用于测定饲料在瘤胃中的降解率。但研究表明，日粮类型、动物个体差异、样品的量和样品粒度、尼龙袋规格和清洗程序等均能对瘤胃降解结果造成影响。

扫一扫
观看"胃管法采集瘤胃液"视频

体外产气法是Menke在1979年提出分析产气量与体内消化参数的相关性，试验通过体外产气量和气体成分来反映饲料降解程度，此后，产气技术被确定为评价饲料营养价值的有效方法。孟庆翔等（1991）在此基础上对该方法做了进一步完善，实验结果与体内法有较高的相关性。该方法技术成熟，操作方法容易掌握，测定数据重复性好。不受试验动物个体差异影响，因此被广泛用于饲料饲用价值的评定。但由于发酵容器不同于真正的瘤胃，不具有瘤胃食糜的外流功能，不能及时移除发酵产物，使终产物大量聚集，改变了瘤胃液微生物生长环境，影响试验的稳定性和准确性。同时不同瘤胃液也会造成批次间误差。

二、非常规饲料资源特性和应用

非常规饲料是一个相对的概念，不同地域不同畜禽日粮所使用的饲料原料是不同的，在某一地区或某一日粮中是非常规饲料原料，在另一地区或另一种日粮中可能就是常规饲料原料。一般来说，非常规饲料资源是指在传统的动物饲养中未作为主要饲料使用过或家畜家禽商品饲粮中一般不用的饲料。非常规饲料原料主要来源于农副产品和食品工业副产品。

1.非常规饲料资源特性

我国非常规饲料来源广泛，种类繁多。具有以下特征：①不被利用或利用率低的生产和消费的最终产品，可以再循环和加以利用；②非常规饲料原料一般比重较轻，营养浓度较低，质量不稳定，营养成分易受温湿条件、产地来源、收获季节、加工条件等因素影响变异很大，限制了其在生长育肥动物日粮中的应用；③绝大多数非常规饲料原料含有多种抗营养因子或毒素，需经特殊加工处理后才能使用或者必须限制用量，大多数营养价值评定不完善，缺乏相关研究数据，对有毒物质的性质及去除方法需进一步研究；④有些呈浆状或液状，不易保存，有些经济价值低于储存和运输费用，限制其在畜禽日粮中的应用；⑤非常规饲料的营养价值评定工作相对滞后，大多数非常规饲料原料缺乏准确的营养价值评定数据，加之有些非常规饲料原料掺杂、掺假现象严重，质量难以保证。

2.肉牛常用非常规饲料

（1）农作物秸秆、秕壳　主要包括水稻、高粱、谷子、大豆秸秆和秕壳，玉米秸秆和玉米芯、薯秧、花生藤蔓等（图5-42）。这类饲料糖类和粗纤维含量较高，同时富含矿物质元素，一般适用于作为反刍动物的能量饲料，我国农区每年的秸秆产量巨大，是一类应用前景广阔、开发潜力很大的饲料资源。

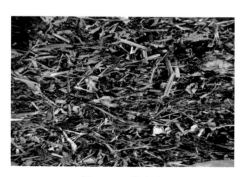

图5-42　花生秧

（2）林业副产品　主要包括林木树叶、树籽、嫩枝、藤蔓和木材加工下脚料。我国每年林业副产品产量为6亿～8亿吨。研究发现槐树叶、榆树叶、构树叶、松树针等蛋白质含量一般占干物质的25%～29%，是较为理想的蛋白质饲料补充资源；同时，这类饲料富含多种维生素和生物激素。目前这类饲料资源在反刍动物粗饲料中利用较多。构树叶可作为蛋白质饲料，被广泛用于单胃动物饲养中。花生秧属豆科植物，其粗蛋白质、粗脂肪、矿物质及维生素含量丰富，适口性较好，花生秧能够提高肉牛生长性能和抗氧化应激能力。柠条是黄土丘陵区人工植被恢复生态环境的重要树种，山西大部分地区干旱缺水、土壤沙化严重，地上植被少，而柠条枝条中含有的粗蛋白和粗脂肪对畜类生长发育大有益处，大面积种植柠条可减轻饲料稀缺的压力。在肉牛饲料中添加15%柠条，可以提高西杂牛的日增重，改善血清总蛋白，维持机体正常生理水平（图5-43、图5-44）。

图5-43　构树叶

图5-44　柠条

（3）糟渣、废液类　糟渣资源主要是各种食品加工中产生的下脚料，例如各种酒糟（啤酒糟、谷酒糟、白酒糟和果酒糟）、醋糟、味精渣、酱油糟、马铃薯渣、果渣、玉米淀粉工业下脚料、甘蔗渣、糖蜜、甜菜渣、食用菌渣、中草药渣等。我国北方主要有马铃薯渣、苹果渣、玉米淀粉工业下脚料、甜菜渣等，南方主要有甘蔗渣、菠萝皮、啤酒糟。山西省汾酒、陈醋的副产物酒糟、醋糟等资源丰富，且具有蛋白质含量高、营养成分丰富、来源广、价格低廉等优势。酒糟、醋糟已经作为一种主要的蛋白质饲料应用于动物日粮中，不仅影响动物的生产性能，而且对泌乳、繁殖性能具有促进作用。在肉牛产后日粮中添加高比例的酒糟，母牛的日采食量和饲料转化效率相对较高。

（4）植物饼粕类　饼粕类主要有芝麻饼（粕）、花生饼（粕）、向日葵饼（粕）、菜籽饼（粕）和棕榈饼（粕）等。糠麸类则包括稻谷糠、米糠、麸皮和菌糠等。其中花生饼、芝麻饼、向日葵饼以及橡胶仁饼等不含毒素的饼（粕），可直接作为蛋白质饲料；而油茶籽、茶籽饼（粕）等因含有毒素需经水解、膨化、酸碱处理、发酵等方法脱毒后再利用。

第五章　肉牛饲草料高效生产与加工利用技术

肉牛场生物安全体系建立和常见病防治技术

第一节
肉牛场生物安全体系建立

一、肉牛场生物安全的影响因素

生物安全一般认为是防止病毒、细菌、寄生虫等病原体，啮齿动物及昆虫等有害生物侵入和威胁健康畜禽群体所采取的一系列措施；也可以说是传统的综合防治或兽医卫生措施在集约化生产条件下的发展。肉牛场实施生物安全措施的目的在于减少肉牛群感染病原体和免受有害生物的威胁，使牛群能处于一个安全的生存环境，保证肉牛的健康生长和发育，保障生产性能的充分发挥。

肉牛场生物安全措施应就疫病发生的三个要素（传染源、传播途径、易感动物），着重从传染源和传播途径两方面入手，需要考虑影响肉牛场生物安全的因素（主要包括牛场选址、设计布局、消毒、免疫接种、药物预防、疫病监测、人员管理和无害化处理）。

1.牛场选址

牛场选址应考虑到是否容易滋生传播细菌和病毒，是否方便组织防疫，是否会给周边带来不良影响。

（1）地势地形　牛场应建在地势高、气候环境干燥的地方，场区总体要相对平坦，稍有坡度，利于排水排污。低洼潮湿阴冷的环境易于滋生蚊蝇及其他病原微生物，相反环境干燥温暖、不积污水就为牛群的生物安全筑起了一道防线。

（2）光照　牛场最好建在能接受充足阳光照射的地方，避免常年不见光，阳光中的紫外线具有强杀菌作用，还可以增加牛体血液中的白细胞数量，提高牛群的抗病能力和免疫能力。

（3）风向　牛场应建在城镇和居民小区常年主导风向的下风向处，避免牛场粪尿臭味对居民生活区的影响。

（4）污染　牛场应远离水源、屠宰场、肉品加工厂、动物隔离所、无害化处理厂以及居民区，一方面避免污染周边地区，另一方面避免动物间的交叉感染而为牛场引入新的病原体。

2.设计布局

牛场的功能区一般划分为管理区、生活区、生产区和生物安全区四个区，生物安全区包括隔离舍、粪污处理区和病死牛处理区。牛场的总体布局要有利于卫生防疫工作。

（1）管理区和生活区要靠近大门，方便组织防疫，采取隔离措施。

（2）生产区要和管理区、生活区分开，保持200米以上的生物安全间距。

（3）生产区厂房易于传播疾病，应将其布置于下风向，并隔离。

（4）为了防止疫病的传播蔓延，生物安全区要布置在地势较低处，且应在生产区的下风口，与生产区保持250米以上的卫生间距。其中，隔离舍四周要加人工屏障；病死牛处理区更应严格隔离，与牛舍保持500米以上间距。

（5）牛场内净道、污道和牛道要严格分开，互不交叉，避免交叉感染。

（6）牛场周围要建有围墙（围墙高＞1.5米）或防疫沟（沟宽＞2米）及绿化带以隔离场外有害病原体。

3.消毒

消毒作为一种预防和抵抗牛传染病的有效方式，其杀灭病原微生物的作用是不容忽视的。消毒就是利用物理、化学或生物方法杀灭或清除外界环境中的病原体，从而切断其传播途径、防止疫病的流行。近年来，养牛业发展趋势向好，规模化养殖占比增加，牛传染病的发病概率大幅提高，牛发病后会对其生长发育性状、育肥效果产生不利影响，如若死亡损失更是巨大的。健康的牛群是盈利的前提条件，为了避免牛群感染疾病给经营者带来不必要的损失，需采取严格的消毒措施来保证牛场的环境卫生。

下面简单阐述消毒工作中应该注意的几个方面（消毒剂选择、舍内舍外消毒以及人员、器具消毒）。

（1）牛场选用消毒剂时应该考虑对病原体消毒力强、对工作人员和牛群的安全毒性小、在牛只体内无残留、在环境中较稳定的消毒剂；同时要经常更换消毒剂的种类，避免外部环境对其产生耐受力。如果能够确定牛场传染病病原体，那么可选用针对该病原体的特异性消毒剂，快速阻止疫病蔓延。

（2）牛场可按条件选择消毒频率，每周对牛舍周围及运动场常规消毒一次，每个月应对场内污水池、下水道等消毒一次，春季和秋季分别对牛舍进行一次全面彻底的消毒。

（3）工作人员进入生产区前应穿专用工作服并进行严格消毒，避免病原体随人进入牛舍。如果牛场发生疫情，应禁止外来人员入场；若有特殊原因需进场，外来人员必须经过严格消毒，进入场区后必须遵守卫生防疫制度。

（4）定期对饲喂用具、料槽、饲料床等进行消毒，保证干净卫生。

4.免疫接种

近年来，规模化养牛业比例逐年提高，这种较高密度的饲养模式很容易引起疫病的流行，极大地威胁着养牛业的发展。有组织有计划地进行免疫接种，是防控动物传染病的有效措施之一。如果牛场所在地区经常发生传染病，或者经常受到邻近地区某些传染病的威胁，为防患于未然，就应当给整个牛群进行预防接种，使牛群产生特异性的免疫力。

（1）预防接种　预防接种要做到有的放矢，应对牛场所在地各种传染病的发生和流行情况进行调研，弄清楚存在哪些传染病、什么季节流行，据此拟定年度免疫程序。另外，引入或转出牛群时，为防止转入场区后或运输中暴发传染病应当进行预防接种。

（2）免疫程序　一个地区或牛场可能发生的传染病不止一种，往往需要用多种疫苗来预防不同种类的疫病，而不同的疫苗性质不同，免疫期也有长有短，因此，为了达到理想的免疫效果，就需要根据牛场实际情况制订科学合理的免疫程序。各种传染病的免疫程序相互联系，一种传染病免疫程序的改变常会影响到其他传染病的免疫程序，所以，制订免疫程序是一项非常严肃且意义重大的工作。对于规模化的牛场，拥有自己的实验室，有条件进行免疫监测，那么最好根据监测到的抗体水平来调整免疫程序。

（3）疫苗的联合使用　免疫程序制订过程中经常会碰到同时对两种或两种以上的疫病进行免疫，当同时接种两种以上的疫苗时，机体会产生多种抗体，这些抗体可能相互无关，也可能相互作用。这种作用可能是利于产生免疫力的协同作用，也可能是影响免疫效果的抑制作用。另外，一次接种多类疫苗，可能会引起牛群较剧烈的不良反应。为了保证免疫效果，最好每种疫苗进行单独接种。目前各生物制品企业经过多年试验攻关，已研制出了临床使用的联苗，能够保证机体产生较强的免疫力和高水平的抗体，既减少了接种次数和对机体的刺激，又省时省力，节约劳动力成本。

（4）免疫接种失败的原因　生产中出现免疫接种失败的原因有很多，需要综合考虑多方面的因素，现将一些常见原因总结为三类因素，即疫苗因素、动物因素和人为因素。

① 疫苗因素。疫苗毒（菌）株与流行毒（菌）株血清型或亚型不一致，如口蹄疫就会出现这样的情形；疫苗选择不正确，选用了安全性好但免疫原性差的疫苗；疫苗运输和保存不当、稀释后未及

时使用，或疫苗过期；一次接种多种疫苗引起相互干扰。

② 动物因素。接种活疫苗时牛体内有较高的母源抗体，对疫苗产生了中和作用；牛群中存在免疫抑制性疾病，如牛慢病毒感染，或存在其他疫病，免疫力低下导致接种失败。

③ 人为因素。接种员操作不当，如疫苗稀释错误、接种量不足、牛群体有遗漏等；在活疫苗接种时使用了抗生素；免疫接种前后使用了免疫抑制性药物。

5. 药物预防

近年来，规模化养牛业比例逐年提高，这种较高密度的饲养模式很容易引起疫病的流行，人们为了解决这一威胁，研制了各式各样的疫苗，但疫病种类多，病原体特性也各有差别，导致仍有不少疫病无苗可用，或者预防效果不佳。因此，应用群体药物防治也是一种重要手段。

在生产中将药物加入饲料和饮水中进行群体药物预防，包括一些抗生素和中草药，该方式操作方便、省时省工、易于大群使用，对预防多种传染病都有较好的效果，避免了像活疫苗一样存在散毒、毒力返强的危险。

但目前抗生素在饲料中使用出现了很多误区，比如养殖场怕发生疫情，用药时间过长，一年到头药物不断；又比如用药剂量过大，与治疗相比，预防用药剂量应减半，但养殖场往往采用治疗剂量，再加上饲料厂一般也会在饲料中添加抗生素，从而导致用药剂量过大。这些错误的做法都会给药物预防工作带来很大的障碍，尤其是药物残留和耐药性问题。

针对临床上药物预防的弊端和误区，在生产实践中应坚持科学的用药原则和方法。

（1）选择合适的药物　预防用药一般选用常规药物即常用的一线药物即可，如青霉素、土霉素、氟哌酸等。在预防目标很清晰的情况下可选用特定药物。

（2）严格掌握药物种类、用法和剂量　预防用药的种类不宜超过2种，剂量和用法应该以生产厂家的推荐用量与用法为准。剂量可按实际需要灵活变通，如在疫病流行期间可把预防剂量提高到治疗剂量。

（3）掌握好用药时间和时机　无疫病流行、动物健康的情况下，每个月定期只用5天的预防药物即可。有疫病发生时可按需要适当增加用药时间。当天气骤变、饲料更换、断奶、转群、长途运输时，可随时给予预防药物，避免应激反应诱发疫病。

（4）定期更换药物　一个养殖场、一个动物群避免长时间使用同一种药物，应定期更换、交叉使用几种药物。一般一种药物连续使用1年就要考虑更换。

6.疫病监测

疫病监测在动物疫病防控工作中发挥预警作用，也是生物安全体系建立的重要部分，必须加强管理人员对疫病监测重要性的认识，一定要在生产过程中将疫病监测工作落实到位，保证动物疫病防控工作具有科学性和系统性。

对养牛场开展疫病监测，能够帮助管理者了解所监测疫病的数据信息，尽早发现疫情情况，管理人员可以根据监测结果及时迅速地采取正确有效的应对措施，从而阻止疫情的蔓延。生产中开展疫病监测还对日后相关疫病的预防发挥重要作用，因为实施监测可以根据日常记录总结分析牛的发病特点，了解牛的各项生理指标的变化情况，如果发现指标异常，应当提前采取措施加以预防。

7.人员管理

在养殖生产中绝大多数工作都需要人来完成，人和牛群不可避免地会接触，那么人也成为疫病的一个不可忽视的来源，因此，做好场区工作人员的健康管理工作也是很重要的。

工作人员出入厂的程序要完善，每次出入填写路线图，并进行喷雾消毒，尤其是从牛疫病流行区返回的，严防病原体进入场区。另外，养殖场应该每年对员工进行体检，尤其是人牛共患病的筛查，对患有结核病、布鲁菌病等人牛共患病的员工必须禁止与牛群接触。

8.无害化处理

为了防止牛疫病的传播和扩散，保障管理人员、生产人员的健康与安全，必须要做好病死牛的无害化处理。原则上养殖场户的病死牛应委托无害化处理场进行处理，确有必要自行处理的，应按照环境影响评价和动物防疫条件相关要求建设处理设施，按照《病死及病害动物无害化处理技术规范》要求规范处理。

二、消毒制度

制定严格的消毒制度是建立生物安全体系的重要组成部分，是降低传染病发生概率、保证牛群健康的必要举措。下面详述牛场如何开展消毒工作及应重点注意的环节。

1.门卫消毒

（1）车辆消毒 在厂区门入口处设置消毒池，长度为2～3个车轮周长，消毒液为2%～4%火碱溶液，保证3～4天更换1次；同时设喷淋装置，以消毒过往车辆车身，消毒液为季铵盐类消毒液（图6-1）。

图6-1 车辆消毒

（2）人员消毒 门卫要设置人员消毒通道，进入场区前人员应先进入消毒通道进行紫外线消毒和全身喷淋消毒，喷淋消毒液可选用安全性好的DCW次氯酸，并更换已消毒的工作服和防水靴。本牛场人员要进入生产区工作，除了喷淋消毒外，还要重点把手浸于消毒液（如新洁尔灭溶液等）中3～5分钟，清水冲洗后擦干。

2. 场区消毒

（1）非生产区消毒　非生产区主要包括管理区和生活区，应当每天打扫，可使用高压水枪冲刷难清理的污垢，保持道路、水泥地面、排水沟的干净卫生。每月要开展一次常规消毒，用3%～5%氢氧化钠溶液进行4～5次喷洒消毒。另外，夏、秋季每周喷洒杀虫剂消灭昆虫。

（2）生产区消毒　该区域的消毒工作非常重要，可以大大减少病原微生物数量，降低疫病的发生率。

① 牛舍饲养区带牛消毒。每天清除一次粪便污物，并用高压水枪冲洗地面，冲洗完毕后用0.1%戊二醛类溶液对地面消毒。

② 运动场消毒。运动场如果是未硬化的地面，每2天清除一次粪便，可在粪便处撒少量漂白粉。

③ 走廊消毒。彻底清扫后，用戊二醛消毒剂或碘制剂进行消毒，两者需轮流使用。

④ 料槽消毒。用0.1%次氯酸钠（或二氯异氰尿酸钠）配制成水溶液，均匀喷雾消毒，每周1次。

⑤ 水线消毒。为了杀灭细菌及藻类，饮水槽用二氯异氰尿酸钠（1 : 400稀释）浸泡消毒5～10分钟，然后用清水冲洗干净。保证20天消毒1次，夏季10天消毒一次，注意防止牛饮用消毒液。

⑥ 牛栏消毒。每半个月用0.1%新洁尔灭溶液（加0.5%亚硝酸钠防锈）擦拭牛栏。

⑦ 舍内空气消毒。每周进行一次舍内空气消毒，可选用0.3%过氧乙酸喷雾消毒，消毒器械选用高压喷雾器或背负式手摇喷雾器，将喷头高举空中，喷嘴向上以画圆圈方式先内后外逐步喷洒，使药液如雾一样缓慢下落，要喷到墙壁、地面，最好能到顶棚，以均匀湿润和牛体表稍湿为宜，不得直喷牛体。

⑧ 空舍消毒。进牛前，应彻底清洁卫生，包括各种死角，可用火焰消毒死角及蜘蛛网，地面、牛栏、水槽、料槽等按照前述方案进行。

（3）粪道消毒　粪便运输专用通道要在每天使用后用水冲刷干净，每隔半个月用3%～5%氢氧化钠溶液对粪道进行喷洒消毒。贮粪场应定期清理并在其上撒漂白粉予以消毒。

（4）生物安全区消毒　牛只发生死亡时，尸体剖检的场所、运送尸体的车辆以及经过的路面都要严格消毒，参加剖检的所有人员应当用0.1%新洁尔灭溶液消毒双手和鞋，剖检器械用2%戊二醛溶液浸泡消毒。

3.运载工具、卫生器械及其他消毒

（1）工具消毒　每半个月对饲料车、饲料铲进行冲洗，洗净后用0.1%新洁尔灭或0.2%～0.5%过氧乙酸对其进行喷洒消毒或清洗消毒。

（2）卫生器械消毒　兽医用具、助产用具、配种用具等在使用前应进行彻底清洗，并用0.1%新洁尔灭或0.2%～0.5%过氧乙酸消毒。防疫或治疗时，铁质注射器及针头可采用蒸煮灭菌，最好能做到一头牛一个针头。

（3）工作服、鞋消毒　工作人员在工作中穿戴的衣服和鞋子要定期清洗，于阳光下曝晒消毒。工作人员接触病牛后应将工作衣、鞋置于3%～5%来苏尔溶液中浸泡消毒后再进行清洗。

三、科学免疫程序

每个地区制订免疫程序都有所差异，都要结合实际情况来制订符合本地区和牛场具体情形的免疫程序。一般情况下，各地牛场可根据当地流行病学调查结果来制订免疫程序，为预防和应对疫情的发生，要根据本地区疫病流行情况及牛群抗体水平监测结果来不断修改免疫程序。如果暴发疫情，可通过临床诊断、血清学检测和病原学诊断，确定该牛场的疫病种类，从而采取相应的应急措施，如

紧急接种、抗生素治疗、消毒等。下面介绍常见疫病的免疫程序以供参考。

扫一扫
观看"牛颈静脉采血"
视频

1.牛口蹄疫

针对口蹄疫，可选用口蹄疫O型-A型-亚洲Ⅰ型三价灭活苗，采取肌内注射方法。初生犊牛90日龄左右进行首次免疫（剂量以各生物制品厂家说明书为准）；初免后，间隔1个月再进行一次强化免疫；之后，每隔5～6个月免疫一次。病畜、瘦弱、怀孕后期母牛及断奶前幼牛慎用。免疫期为6个月。

2.牛布鲁菌病

针对牛布鲁菌病，可以选用牛型19号弱毒活菌苗，采取肌内注射方法。一般仅对3～8月龄牛进行免疫接种，接种剂量为$600×10^{10}$CFU活菌（1头份）；育成肉牛在9～18月龄期间，在配种前1个月均可免疫，推荐剂量为1/10头份；对布鲁菌病流行的成年肉牛也可使用19号苗免疫，剂量为1头份，在配种前1个月免疫，怀孕牛及种用牛不能进行免疫。免疫期可达3年以上。

3.牛病毒性腹泻

为较少接种次数，可选用牛病毒性腹泻、传染性鼻气管炎二联灭活疫苗，采用肌内注射方法，接种剂量2毫升/头份。犊牛在30日龄进行首免，60日龄加强免疫一次；6月龄以上首次免疫牛群，首次免疫后30天加强免疫一次，之后每6个月免疫一次；对生产母牛在配种前1～2个月免疫1次，怀孕母牛慎用。免疫期为6个月。

4.牛巴氏杆菌病

针对牛巴氏杆菌病，选用牛出败氢氧化铝菌苗，采取肌内注射方法，剂量为3毫升/头。在6月龄时进行首次免疫，间隔5～6个月后，加强免疫1次。免疫期为9个月。

5.牛气肿疽

针对牛气肿疽，选用气肿疽灭活菌苗，对肉牛群不论年龄大小，每6个月皮下注射5毫升。6月龄以下的新生犊牛，必须在其6月龄时，再加强免疫1次。免疫期为7个月。

6.牛支原体肺炎

针对牛支原体肺炎，选用支原体灭活菌苗，对10日龄新生犊牛进行首次免疫，接种剂量为2毫升/头份，10天后加强免疫1次；对成年母牛产后2个月免疫，接种剂量为3毫升/头份。免疫期为6个月。

第二节
肉牛常见病防治技术

一、传染病防治

1.牛流行热

牛流行热是由牛流行热病毒引起的牛的一种急性热性传染病。其临诊特征为突发高热、流泪，有泡沫样流涎，鼻漏，呼吸迫促，后躯僵硬、跛行，一般呈良性经过，发病率高，病死率低。在我国有本病的发生和流行，且分布面较广。

（1）病原　牛流行热病毒，属弹状病毒科暂时热病毒属。该病毒为单股不分节段的RNA病毒，有囊膜，呈子弹形或圆锥形。病毒存在于病牛血液中，病牛退热后2周内血液中仍有病毒。用高热期病牛血液1～5毫升静脉接种易感牛后，经3～7天即可发病。病毒于–20℃以下低温保存，可长期保持毒力。本病毒对热敏感，56℃10分钟、37℃18小时灭活。pH值2.5以下或pH值9以上于数十分钟内可使之灭活。对乙醚、氯仿和去氧胆酸盐等溶液及胰蛋白酶均较敏感。

（2）流行病学　本病主要侵害黄牛和奶牛。以3～5岁牛多发，1～2岁牛及6～8岁牛次之，犊牛少发。6月龄以下的犊牛不显临诊症状，母牛尤以怀孕牛发病率高于公牛。本病呈周期性流行，流行周期为6～8年或3～5年，有的地区2年一次小流行，4年一次大流行。本病具有季节性，夏末秋初、多雨潮湿、高温季节多发，其他季节发病率较低。流行方式为跳跃式蔓延，即以疫区和非疫区相间的形式流行。本病传染力强，传播迅速，短期内可使很多牛发病，呈流行或大流行。病牛是本病的主要传染源，通过吸血昆虫（蚊、蝇、蠓）叮咬病牛后再叮咬易感健康牛而传播，故疫情的存在与吸血昆虫的出没相一致，多在蚊蝇滋生的8～10月发生。病毒能在蚊子和库蠓体内繁殖，因此这些吸血昆虫是最重要的传播媒介。

（3）临诊症状　潜伏期3～7天。呼吸急性型：食欲减退或废绝，体温升至40～41℃，流泪、畏光，结膜充血，眼睑水肿，呼吸急促，张口呼吸，流线状鼻液和口水，精神不振，发出"吭吭"呻吟声，病程3～4天；胃肠型：结膜潮红，口腔流涎，流浆液性鼻液，呈腹式呼吸，肌肉颤抖，不食，精神萎靡，体温40℃左右，粪便干硬，呈黄褐色，有时混有黏液，胃、肠蠕动减弱，瘤胃停滞，反刍停止；瘫痪型：多数体温不高，四肢关节肿胀、疼痛，卧地不起，食欲减退，肌肉颤抖，站立则四肢特别是后躯表现僵硬，不愿移动。

（4）诊断　本病特点是大群发生，传播迅速，有明显的季节性，发病率高、死亡率低，结合病牛临诊特点，不难作出初步判断，但确诊本病需要实验室检验。建议采取血清学诊断，用中和试验、琼脂扩散试验、ELISA等，都能取得良好的检测结果。

（5）防治　治疗本病尚无特效药物，多采取对症治疗，减轻病情，提高机体抵抗力。病初可根据具体情况进行退热、强心、利尿、整肠健胃、镇静等措施，停食时间长可适当补充生理盐水及葡萄糖溶液，使用抗菌药物预防并发症和继发感染。早发现、早隔离、早治疗，合理用药，大量输液，护理得当，是治疗本病的重要原则。以下治疗措施可供参考。

① 呼吸型。肌内注射安乃近、氨基比林等药物，以尽快退热及缓解病牛呼吸困难，可用未开封的3%双氧水50～80毫升，按1：10的比例用5%葡萄糖氯化钠注射液稀释，缓慢静脉注射，可达到输氧目的。

② 胃肠型。针对不同临诊症状用陈皮酊、龙胆酊、硫酸镁等药物治疗，一般经1～5天可痊愈。

③ 瘫痪型。静脉注射生理盐水1000毫升，10%葡萄糖酸钙500毫升，5%葡萄糖注射液1000毫升，维生素C10克，维生素B₁ 1.5克，也可用氢化可的松进行治疗。

2.口蹄疫

口蹄疫是由口蹄疫病毒引起的人兽共患的一种急性、热性、高度接触性传染病，其临诊特征是在口腔黏膜、四肢下端及乳房等处皮肤形成水疱和烂斑。该病传播迅速，流行面广，成年动物多取良性经过，幼龄动物多因心肌受损而死亡率较高。

（1）病原　口蹄疫病毒属微RNA病毒科口蹄疫病毒属，是RNA病毒中最小的一个，呈圆形，无囊膜，内部为一条正义RNA单链，占全病毒的31.8%，决定病毒的感染性和遗传性。口蹄疫病毒具有多型性、易变异的特点，根据血清学特性，目前可分为7个血清型，我国主要是A型、O型和亚洲Ⅰ型，各血清型间无交叉免疫现象，但各型在临诊症状方面的表现却没有不同。口蹄疫病毒在病牛的水疱液、水疱皮、淋巴液及发热期血液中的含量最高，其次是在各组织器官、分泌物、排泄物中，可长期存在并向外排毒，退热后病毒可出现于乳、粪、尿、泪、涎水及各脏器中，牛最长带毒时间为5年。口蹄疫病毒对外界环境的抵抗力很强，耐干燥。病毒对酸和碱都特别敏感，病毒在pH值3.0以下和pH值9.0以上的缓冲液中，感染性会瞬间消失，2%～4%氢氧化钠、3%～5%福尔马林溶液、5%氨水、0.2%～0.5%过氧乙酸或5%次氯酸钠等均为口蹄疫病毒良好的消毒剂。

（2）流行病学　自然条件下口蹄疫病毒可感染多种动物，偶蹄动物易感性最高，患病动物和带毒动物是本病最主要的传染源，发病初期的患病动物是最危险的传染源，因为症状出现后的开始几天，排毒量最多，毒力最强，在恢复期排毒量逐步减少。病牛以舌面水疱皮的含毒量最多，其次为粪、尿、乳和精液。病毒通过消化道和呼吸道以及损伤的皮肤、黏膜而感染。本病毒可经多途径传播，常借助于直接接触方式传播，这种方式多见于大群放牧和密集饲养。口蹄疫是一种传染性极强的传染病，一经发生往往呈流行性，其流行具有一定的周期性，3年左右大流行一次。本病没有严格的季节性，但由于气温高低、日光强弱等因素对口蹄疫病毒的生存有直接影响，使不同地区的口蹄疫的流行表型为不同的季节性。

（3）发病机理　病毒侵入机体后，首先在侵入部位的上皮细胞内生长繁殖，引起浆液渗出而形成原发性水疱，通常不易被发现。1～3天后进入血液形成病毒血症，导致体温升高和全身临诊症状。病毒随血液分布到所嗜好的部位（如口腔黏膜、蹄部、乳房、皮肤组织）继续繁殖，引起局部组织的淋巴管炎，造成局部淋巴瘀滞、淋巴栓，若淋巴液渗出淋巴管外则形成继发性水疱。水疱不断发展融合乃至破裂，此时患病动物体温恢复正常，血液中病毒量减少乃至消失，但逐渐从乳、粪、尿、泪及涎水中排毒。此后患病动物进入恢复期，多数病例逐渐好转。

（4）临诊症状　潜伏期一般为2～4天，最长可达1周左右。病牛体温升高达40～41℃，食欲不振，精神沉郁，闭口，流涎，开口时有吮吸声。1天后唇内、齿龈、口腔、舌面和颊部黏膜发生黄豆大后融合至核桃大的水疱，由淡黄色转为灰白色，口温高，口角流涎增多，呈白色泡沫状，常常挂满嘴边，采食、反刍完全停止。水疱约经1天后破溃形成红色糜烂，体温降至正常，糜烂逐渐愈合，全身临诊症状逐渐好转。在口腔发生水疱的同时或稍后，趾间及蹄冠的柔软皮肤上表现红肿、疼痛，迅速发生水疱，并很快破溃，出现糜烂，或干燥结成硬痂，然后逐渐愈合。本病一般多呈良性经过，约经1周即可痊愈。如果蹄部出现病理变化时，则病期可延至

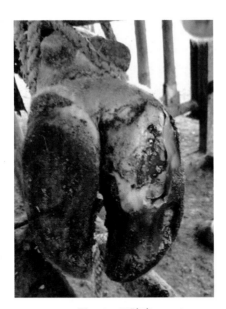

图6-2　口蹄疫

2～3周或更长（图6-2）。

（5）诊断　根据流行病学、临诊症状和病理剖检特点可作出初步诊断，确诊需要进行实验室诊断。血清学诊断，可使用间接夹心ELISA法，直接鉴定病毒的亚型；另外，也可使用核酸杂交技术、聚合酶链式反应，诊断更加简便、快捷和特异。

（6）防治　可使用牛口蹄疫O型-A型-亚洲Ⅰ型三价灭活苗进行预防接种；加强饲养管理，保持牛舍卫生，做好消毒工作。动物发生口蹄疫后，一般不允许治疗，而应采取扑杀措施，但在严格隔离的条件下可予以治疗。口腔可用清水、食醋或0.1%高锰酸钾冲洗，糜烂面可涂以1%～2%碘酊甘油或冰硼散；蹄部可用来苏尔洗涤，擦干后涂鱼石脂软膏，再用绷带包扎；乳房可用肥皂水洗涤，然后涂以青霉素软膏，定期将奶挤出以防发生乳腺炎。

3.牛病毒性腹泻/黏膜病

牛病毒性腹泻/黏膜病是由牛病毒性腹泻病毒引起的牛的一种急性、热性传染病，其临诊特征为黏膜发炎、糜烂、坏死和腹泻。

（1）病原　牛病毒性腹泻病毒，又名黏膜病病毒，是黄病毒科瘟病毒属的成员，为单股RNA、有囊膜的病毒，呈圆形。病毒主要分布在血液、精液、脾、骨髓、肠淋巴结、妊娠母畜的胎盘等组织中以及呼吸道、眼、鼻的分泌物中。本病毒对乙醚、氯仿、胰酶等敏感，pH<3易被破坏，56℃很快被灭活，血液和组织中的病毒在-70℃可存活多年。

（2）流行病学　本病可感染黄牛、水牛、牦牛等，各年龄的牛对本病毒均易感，以6～18月龄者居多。病牛和带毒牛是本病的主要传染源。患病牛的分泌物和排泄物中含有病毒。康复牛可带毒6个月，直接或间接接触均可传播本病，主要通过消化道和呼吸道而感染，也可通过胎盘感染。本病呈地方流行性，常年均可发生，但多见于冬末和春季。新疫区急性病例多，不论是放牧牛还是舍饲牛，大小均可感染发病，发病率通常不高，约为5%，病死率为90%～100%；老疫区则急性病例很少，发病率和病死率都很低，而隐性感染在50%以上。本病也常见于肉用牛群中，封闭饲养的牛群发病时往往呈暴发式。

（3）临诊症状　潜伏期7～14天，临诊表现有急性和慢性两种类型。

① 急性型。突然发病，体温升至40～42℃，持续4～7天。病牛精神沉郁，厌食，鼻、眼有浆液性分泌物，2～3天内可能出现鼻镜及口腔黏膜表面糜烂，舌面上皮坏死，流涎增多，呼气恶臭。之后常发生严重腹泻，开始水泻，之后带有黏液和血。有些病牛常有蹄叶炎及趾间皮肤糜烂坏死，从而导致跛行。急性病例恢复的少见，通常死于发病后1～2周，少数病例病程可拖延至1个月。

② 慢性型。病牛很少有明显的发热临诊症状，但体温可能有高于正常的波动。最让人注意的临诊症状是鼻镜上的糜烂，此种糜烂可在全鼻镜上连成一片。眼常有浆液性的分泌物。在口腔内很少有糜烂，但门齿齿龈通常发红。由于蹄叶炎及趾间皮肤糜烂坏死而致的跛行是最明显的临诊症状。通常皮肤成为皮屑状，在鬐甲、颈部及耳后最明显，淋巴结不肿大。大多数患牛均死于2～6个月内，也有些可拖延到1年以上。母牛在妊娠期感染本病时常发生流产，或产下先天性缺陷犊牛，最常见的缺陷是小脑发育不全，患牛可能只呈现轻度共济失调或完全缺乏协调和站立的能力。

（4）病理变化　主要病理变化在消化道内和淋巴组织中。鼻镜、鼻孔黏膜、齿龈、上腭、舌面两侧及颊部黏膜有糜烂及浅溃疡。严重的病例在喉头黏膜有溃疡及弥散性坏死。特征性损害是食管黏膜糜烂，形状大小不等。瘤胃黏膜偶见出血和糜烂，真胃炎性水肿和糜烂。肠壁因水肿而增厚，肠淋巴结肿大。小肠有急性卡他性炎症，空肠、回肠较为严重，盲肠、结肠、直肠有卡他性、出血性、溃疡性以及坏死性等不同程度的炎症。

（5）诊断　在本病严重暴发流行时，可根据其发病史、临诊症状及病理变化作出初步判断，最后确诊需依赖病毒的分离鉴定及血清学检查，血清学试验可选用多种方法。血清中和试验，试验时采取双份血清（间隔3～4周），滴度升高4倍以上者为阳性；过氧化物酶技术检测牛病毒性腹泻病毒抗原也是一种较实用、效果较好的方法。另外，反转录-聚合酶链式反应（RT-PCR）为常用的一种方法，它可以高度特异、灵敏地检测器官、组织、培养细胞中的牛病毒性腹泻病毒。

（6）防治　本病尚无有效的治疗方法。应用收敛剂和补液疗法可缩短恢复期，减少损失。临床上可采用疫苗接种进行预防，使用抗生素和磺胺类药物，可减少继发性细菌感染。

4. 牛传染性鼻气管炎

牛传染性鼻气管炎又称坏死性鼻炎，是由牛传染性鼻气管炎病毒引起的牛的一种接触性传染病，临诊表现为上呼吸道及气管黏膜发炎、呼吸困难、流鼻涕，还可引起生殖道感染、结膜炎、脑膜炎、流产、乳腺炎等多种病症。

（1）病原　牛传染性鼻气管炎病毒，是疱疹病毒科水痘病毒属的成员，含线性双股DNA，有囊膜，只有一个血清型。该病毒可潜伏在三叉神经和腰、荐神经节内，中和抗体对潜伏于神经节内的病毒无作用。病毒22℃保存5天，感染滴度下降10倍；4℃保存30天，其感染滴度几乎无变化。在pH值7.0的溶液中很稳定，对乙醚和酸敏感。

（2）流行病学　本病主要感染牛，尤以肉牛较为多见。肉牛的发病率可达75%，其中又以20～60日龄的犊牛最为易感，病死率也高。病牛和带毒牛为主要传染源，常通过空气、飞沫、精液和接触传播，病毒也可通过胎盘侵入胎儿引起流产。当存在刺激因素时，潜伏于三叉神经节和腰、荐神经节的病毒可以活化，并出现于鼻涕和阴道分泌物中，因此隐形带毒牛是最危险的传染源。

（3）临诊症状　潜伏期一般为4～6天，有时可达20天以上。

① 呼吸道型。通常于较冷的月份出现，病情轻重不等。急性病例可侵害整个呼吸道，对消化道的侵害较轻。病初高热（达39.5～42℃），极度沉郁，拒食，有多量黏脓性鼻漏，鼻黏膜高度充血，有浅溃疡，鼻窦及鼻镜因组织高度发炎而成为"红鼻子"（图6-3）。常因炎性渗出物阻塞而呼吸困难。由于发生鼻黏膜坏死，呼出的气体中常有臭味。呼吸数加快，常有深部支气管性咳嗽。流行严重时，发病率达75%，但病死率低于10%。

② 脑膜脑炎型。主要发生于犊牛，体温升高达40℃以上，病犊共济失调，沉郁，随后兴奋、惊厥，口吐白沫，最终倒地，角弓反张。病程短促，多归于死亡。

③ 流产型。一般认为是病毒经呼吸道感染后，从血液循环进入胎膜、胎儿所致。胎儿感染为急性过程，7～10天后以死亡告终，再经24～48小时排出体外。

图6-3　红鼻子

（4）病理变化　呼吸型的病牛呼吸道黏膜高度发炎，有浅溃疡，其上被覆腐臭黏脓性渗出物，涉及咽喉、气管及大支气管黏膜，可能有成片的化脓性肺炎。真胃黏膜常有发炎及溃疡，大小肠可有卡他性肠炎。脑膜脑炎的病灶呈非化脓性肺炎。

（5）诊断　根据病史及临诊症状，可作出初步诊断。间接血凝试验或酶联免疫吸附试验等均可用作本病的诊断。利用生物素标记的核酸探针技术，可以检出微量的病毒DNA，而且在感染后2小时内收集的鼻拭子和分泌物即可呈现阳性结果。聚合酶链式反应（PCR）也有较好的效果。

（6）防治　由于牛传染性鼻气管炎病毒可导致持续性感染，防治本病最重要的措施是实行严格检疫，防止引入传染源和带入病毒。由于本病尚无特效疗法，病牛应及时严格隔离，最好予以扑杀或根据具体情况逐渐将其淘汰。有关研究表明，用疫苗免疫过的牛，并不能阻止野毒感染，也不能阻止潜伏病毒的持续性感染，只能起到防御临诊发病的效果，故采用PCR技术检出阳性牛并扑杀是根除本病的有效途径。

5.气肿疽

气肿疽又称黑腿病，由气肿疽梭菌引起的反刍动物的一种急性、发热性传染病。该病主要呈散发或地方流行。特征为肌肉丰满部位（如股部、臀部、腰部、肩部、颈部及胸部）发生炎性气性肿胀，按压有捻发音，并常有跛行。

（1）病原　气肿疽梭菌属梭菌属，为圆端杆菌，有周身鞭毛，能运动。气肿疽梭菌有鞭毛抗原、菌体抗原和芽孢抗原。本菌繁殖体对理化因素抵抗力不强，而芽孢的抵抗力则极大。0.2%氯化汞在10分钟内、3%福尔马林15分钟内可杀死芽孢。

（2）流行病学　自然情况下气肿疽主要侵害黄牛、水牛，6个月至3岁的牛容易感染。本病传染源为患病牛，但并不直接传播，主要传递因素是土壤，即芽孢长期存在于土壤中，进而污染饲草或饮水。动物采食后，经口腔和咽喉的创伤侵入组织，也可由松弛或微伤的胃黏膜、肠黏膜侵入血液。

（3）临诊症状　潜伏期3～5天，发病多呈急性经过，病程

1～3天，病死率可达100%。体温升高到41℃以上，早期即出现跛行，之后出现特征性临诊症状，在多肌肉部位发生肿胀，初期热而痛，后中央变冷、无痛。患部皮肤干硬呈暗红色或黑色，有时形成坏疽，触诊捻发音，叩诊有鼓音。肿胀多发于股部、臀部、腰部、荐部、颈部及胸部。食欲、反刍消失，呼吸困难，最后体温下降，随即死亡。

（4）病理变化　尸体表现轻微腐败变化，因皮下结缔组织气肿及瘤胃臌气而致尸体显著膨胀。在肌肉丰厚部位有捻发音性肿胀，肿胀可扩散至肌肉邻近组织。肿胀处肌肉潮湿或干燥，呈海绵状，有刺激性酪酸样气体，切面呈污棕色，或有灰红色、淡黄色和黑色条纹，肌纤维束被小气泡胀裂。胸腹腔有暗红色浆液，胸膜、腹膜常有纤维蛋白或胶冻样物质。肺小叶间水肿，淋巴结急性肿胀和出血性浆性浸润。肝切面有大小不等棕色干燥病灶，肾脏也有类似变化。

（5）诊断　根据流行病学、临诊症状和病理变化，可初步诊断，确诊需依靠实验室检验。

（6）防治　疫苗接种是控制本病的有效措施，气肿疽灭活疫苗，牛不论年龄大小，皮下注射5毫升，犊牛6月龄加强免疫一次。局部治疗，可用加有80万～100万国际单位青霉素的0.25%～0.5%普鲁卡因溶液10～20毫升于肿胀处四周分点注射。病牛应立即隔离治疗，死牛应深埋或焚烧。病牛圈栏、用具以及被污染的环境用3%福尔马林消毒。

6.副结核病

副结核病又叫副结核性肠炎，是由副结核分枝杆菌引起的牛的一种慢性传染病，临诊特征是慢性卡他性肠炎、顽固性腹泻和逐渐消瘦，剖检可见肠黏膜增厚并形成皱襞。

（1）病原　副结核分枝杆菌，革兰阳性小杆菌，具有抗酸染色的特性。在赫氏培养基上菌落最初直径1毫米，无色、透明，呈半球状，表面光滑；继续培养，直径增大至4～5毫米，颜色暗，表面粗糙，外观呈乳头状。该菌存在于患病动物的肠壁黏膜、肠系膜淋巴结和粪便中。本菌在被污染的牧场可存活数月至1年，直射阳光下可存活10个月。3%～5%苯酚溶液、5%来苏尔溶液10分钟可将其灭活，10%～20%的漂白粉乳剂2小时也可杀死该菌。

（2）流行病学　副结核分枝杆菌主要引起牛发病，幼牛最易感。病牛和隐性感染牛是传染源。在病牛体内，副结核分枝杆菌主要位于肠绒膜和肠系膜淋巴结。病牛从粪便排出大量病原菌，污染外界环境，病原菌通过消化道侵入健康牛体内。本病散播较缓慢，表面上似呈散发性，但实际是一种地方流行性疾病。虽然幼牛对本病最为易感，但在母牛开始怀孕、分娩及泌乳时，才出现临诊症状。饲料中缺乏无机盐，会促进本病的发生。

（3）临诊症状　本病潜伏期可达6～12个月，甚至更长，有时幼牛感染直到2～5岁才表现临诊症状。主要表现为间断性腹泻，之后变为经常性的顽固腹泻，排泄物稀薄、恶臭，带有气泡、黏液和血凝块。食欲起初正常，精神良好，之后食欲减退，逐渐消瘦，精神萎靡，经常躺卧。如腹泻不止，经3～4个月会衰竭而死（图6-4）。

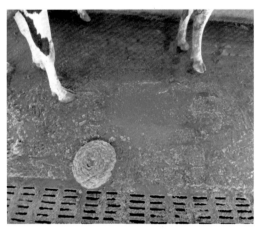

图6-4　腹泻

（4）病理变化　尸体消瘦，主要病理变化在消化道和肠系膜淋巴结。消化道损害常限于空肠、回肠和结肠前段，特别是回肠，其浆膜和肠系膜都有显著水肿，肠黏膜增厚3～20倍，并发生硬而弯曲的皱襞，黏膜呈黄色或灰黄色，皱襞突起处常呈充血状态（图6-5）。浆膜下淋巴管和肠系膜淋巴管常肿大呈索状，淋巴结肿大变软，切面湿润，有黄白色病灶。肠腔内容物甚少。

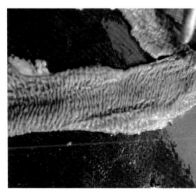

图6-5　副结核病牛肠黏膜

（5）诊断　依据流行病学、临诊症状和病理变化，可作出初步诊断。但顽固性腹泻和消瘦也可见于其他疾病，如沙门菌病、创伤性网胃炎、内寄生虫等，故应进行实验室诊断以便区别。

① 变态反应诊断。对于没有临诊症状或症状不明显的牛，可用副结核菌素做皮内变态反应试验。

② 血清学诊断。目前，可用酶联免疫吸附测定（ELISA）试剂盒进行快速诊断，适宜于监测无临诊症状的带菌牛。

（6）防治　预防本病重在加强饲养管理、搞好环境卫生和消毒，特别是对幼牛更应该注意给以足够的营养。不要从疫区引进牛只，必须引进时，则进行严格检疫，并隔离、观察，确认健康方可混群。检出过病牛的牛群，在随时观察和定期进行临诊检查基础上，对所有牛只，每年做4次变态反应和酶联免疫吸附试验检查，阴性牛方准调群或出场。连续3次检疫不再出现阳性反应的牛群为健康牛群。对具有明显临诊症状的开放性病牛和细菌学检查阳性的病牛，要及时扑杀，但对妊娠后期的母牛，在严格隔离不散菌的情况下，待产犊后3天扑杀。变态反应阳性及具有明显临诊症状或菌检阳性母牛所生的犊牛，立即和母牛分开，人工喂母牛初乳3天，单独组群，人工喂以健康牛乳，长至1月龄、3月龄、6月龄时各做变态反应检查一次，如均为阴性，可视为健康牛。

7.布鲁菌病

布鲁菌病也称传染性流产，是一种由布氏杆菌引起的人畜共患的接触性传染病，特征为生殖器官和胎膜发炎，引起流产、不育和各种组织的局部病灶。

（1）病原　布氏杆菌为革兰阴性短杆菌，不形成芽孢、无荚膜。布氏杆菌对外界抵抗力较强，在水和土壤中能存活72～114天，在粪尿中存活45天，但对热抵抗力不强，60℃30分钟即死亡。对消毒剂抵抗力不强，1%～3%石炭酸、2%～3%煤酚皂溶液、2%苛性钠溶液可在1小时内杀死该菌，0.1%新洁尔灭5分钟内可将其杀死。

（2）流行病学　春季和夏季容易发病，呈地方性流行。病畜为传染源，最危险的是受感染的妊娠母畜，其在流产或分娩时将大量布鲁菌随胎儿、胎水和胎衣排出。流产后的阴道分泌物以及乳汁都含有布鲁菌。布鲁菌感染的睾丸炎精囊中也有布鲁菌存在。消化道是主要的感染途径，即通过污染的饲料和饮水而感染，也可通过受伤的皮肤、交配等途径感染。易感性随着性成熟年龄接近而增高，如犊牛在配种年龄前不易感染。疫区内大多数处女牛在第一胎流产后则多不再流产。

（3）临诊症状　母牛流产是最显著的临诊症状，流产常见于妊娠后第6～8个月，产出死胎、弱胎或胎衣不下。流产后阴道常继续排出污灰色或棕红色分泌液，有时有恶臭，1～2周后消失。如流产胎衣不滞留，则病牛迅速康复，又能受孕，但可能再度流产（图6-6）；如胎衣未能及时排出，则可能发生慢性子宫炎，引起长期不育。公牛常发生睾丸炎或副睾丸炎。临诊上还常见关节炎，多发生于膝关节及腕关节。

图6-6　流产牛

（4）病理变化　胎衣呈黄色胶冻样浸润，有些部位覆有纤维蛋白絮片或脓液，有的增厚，有出血点。绒毛叶部分贫血呈苍黄色，或覆有灰色或黄绿色纤维蛋白或脓液絮片。流产胎儿胃特别是真胃中有淡黄色或白色黏液絮状物。肝、脾和淋巴结呈不同程度的肿胀，有时可见散在炎性坏死灶。公牛生殖器官精囊内常有出血点和坏死病灶，睾丸和附睾可能有炎性坏死灶和化脓灶。

（5）诊断　流行病学资料、流产、胎儿胎衣的病理变化、胎衣滞留以及不育有助于布鲁病的诊断，但只有通过实验室诊断才能确诊。本病的实验室诊断，除对流产病料的细菌学诊断外，主要还有血清凝集试验及补体结合试验。本病应与其他病因引起的流产相区别，如乙型脑炎、衣原体病、沙门菌病。

（6）防治　以"预防为主"为原则，采用检疫、免疫、淘汰患病动物等措施。在未感染动物群中，控制本病最好的方法是自繁自养。必须引进种畜或补充畜群时，要严格执行检疫，即将牛隔离饲养2个月，同时进行布鲁菌病的检测，全群2次免疫生物学检查为阴性者，才可与原有群混群饲养。培养健康牛群应从犊牛开始，病牛所产犊牛立刻隔离，用母牛初乳人工饲喂5～10天，之后喂健康牛乳，在第5个月、第9个月各进行一次免疫生物学检查，全部阴性时可视为健康犊牛。消灭布鲁菌病，要做好消毒工作，切断传播途径。疫苗接种是控制本病的有效措施，临床接种牛型19号弱毒活菌苗效果良好。

8.牛结节性皮肤病

牛结节性皮肤病又称牛结节性皮炎，是由牛结节性皮肤病病毒引起的牛全身性感染疫病，临床以皮肤出现结节为特征。

（1）病原　牛结节性皮肤病病毒，属痘病毒科羊痘病毒属，呈椭圆形或砖块状。该病毒对热敏感，55℃2小时或65℃30分钟即可使其灭活。但该病毒耐冻，-90℃可保存10年。病毒对酸碱敏感，对氯仿、1%福尔马林、2%次氯酸钠、2%苯酚等也敏感。

（2）流行病学　感染牛结节性皮肤病病毒的牛是传染源。感染牛和发病牛的皮肤结节、唾液以及精液等都含有病毒。该病毒能感染所有牛，包括黄牛、奶牛和水牛等，无年龄差异。该病主要通过吸血昆虫（蚊、蝇、虻等）的叮咬进行传播。可通过牛只相互舔舐传播，摄入被污染的饲料或饮水都会感染该病。犊牛吮吸发病母牛皮肤破损的乳房或饮被污染的牛奶也会感染该病。感染公牛的精液含有病毒，可通过自然交配或人工授精传播。

（3）临床症状　临床表现差异很大，与牛的抵抗力和感染病毒量有关。体温升高，可达41℃，可持续1周。浅表淋巴结肿大，特别是肩前淋巴结肿大。精神沉郁，不愿活动，眼结膜炎，流鼻涕。发热后2天皮肤出现大小不等的结节，直径1～5厘米，以头、颈、肩部、乳房、外阴处居多。口腔黏膜出现水疱，之后破溃和糜烂。牛的四肢及腹部、会阴等部位水肿，导致牛不愿活动，怀孕母牛流产，发情延迟可达数月。

（4）病理变化　消化道和呼吸道内表面有结节病变。淋巴结肿大，出血。心脏肿大，心肌外表充血、出血，呈斑块状瘀血。肺脏肿大，有少量出血点。肾脏表面有出血点。胆囊肿大，是正常的2～3倍，外壁有出血斑。肝脏肿大，边缘钝圆。胃黏膜和小肠出血。

（5）诊断　该病与牛疱疹病毒病、伪牛痘等临床症状相似，需开展实验室检测加以诊断。抗体检测可采用病毒中和试验、酶联免疫吸附试验等方法。病原检测，可采集皮肤结痂、口鼻拭子，分离病毒鉴定或核酸检测鉴定。

（6）防治　养牛场要加强卫生消毒工作，杀灭吸血昆虫及幼虫，清除滋生环境。如发生疫情，可用国家批准的山羊痘疫苗，对所有牛只进行紧急免疫。

二、寄生虫病防治

1. 胃肠道线虫病

胃肠道线虫病是指线虫寄生于胃肠道内所致的牛和其他家畜的一种临床的或亚临床的寄生虫病。其临床特征是胃肠炎、瘦弱和贫血。

（1）病原　常见的牛胃肠道寄生虫有血矛线虫、仰口线虫、弓首蛔虫和食道口线虫几种。血矛线虫，寄生于皱胃，成虫呈淡红色，细毛发状，头尖细，口囊小，内有一矛状角质齿。弓首蛔虫，寄生于小肠，成虫呈淡黄色，头部三片唇，食管后端有胃。仰口线虫小肠乳白色，吸血后淡红色，口囊大，呈漏斗状。食道口线虫，寄生于大肠，有哥伦比亚食道口线虫、辐射食道口线虫等，其共同特征是口囊呈小而浅的圆筒形，外有突起的口环，口缘有叶冠，"颈"部有颈沟，颈沟后方有颈乳突，颈沟前方或后方的表皮有时膨大形成头囊或侧翼。

（2）流行病学

① 传染源。病牛和带虫牛是重要传染源。

② 传播途径。主要是通过采食虫卵或幼虫污染的饲料、饲草及饮水经口感染。

③ 流行形式。温暖潮湿的气候环境利于虫卵的孵化，故春、夏季为感染季节，发病呈区域性。犊牛比成年牛易感染。

（3）临床症状　通常呈隐性感染，无明显临床症状。感染较重者，仅见精神沉郁，被毛粗乱、无光，消瘦。严重者，病牛表现出低蛋白血症，贫血，可视黏膜苍白，体躯下部发生水肿，严重时腹泻，或便秘与下痢交替出现。

（4）治疗　治疗方法是选取广谱抗线虫药物驱虫。如阿苯达唑，10毫克/千克体重，一次口服；左旋咪唑，5毫克/千克体重，一次皮下注射或肌内注射。

（5）预防　牛场应定期驱虫，一般在春、秋两季各一次。加强对放牧牛只管理，放牧应在无感染的地域或草地。

2. 锥虫病

锥虫病是由伊氏锥虫寄生于牛血液中而引起的一种原虫病，可引起牛的大批死亡。

（1）病原　伊氏锥虫呈纺锤形，两端尖细，前端更甚。血液压滴玻片中，虫体透明无色，运动活泼。染色涂片上，虫体近中央有一较大的近圆形的细胞核，后端有呈点状或短杆状的原生质动基体，有鞭毛。

（2）流行病学　吸血昆虫是本病的传播媒介，故本病呈明显的季节性。通常发病从7月份开始，9月份和10月份最多，后逐渐降低，即以夏秋两季多发。病牛和带虫牛是重要传染源。另外，伊氏锥虫能经母畜胎盘传染给胎儿，交配以及人工授精也能传播本病。

（3）临床症状　一般为慢性经过。临床上以间歇性发热、贫血、结膜炎、四肢和体躯下部水肿、耳和尾部坏死以及神经症状为特征。

（4）治疗　使用化学疗法对确诊牛和疑似牛进行治疗。以下介绍几种治疗药品的使用方法。

① 安锥赛。0.01克/千克体重，配成10%水溶液，一次皮下注射或肌内注射。

② 贝尼尔。5～7毫克/千克体重，配成7%水溶液，一次肌内注射，每天一次，连用2～3天。

③ 纳嘎诺。8～12毫克/千克体重，用生理盐水配成10%溶液，一次静脉注射。

（5）预防　做好养牛场的消毒卫生工作，在夏、秋两季定期用杀虫药进行全场灭蝇。为了防止本病的传播和蔓延，在流行季节前，对牛进行药物预防注射，常用安锥赛预防盐作预防注射。

3.皮蝇蛆病

牛皮蝇蛆病是由牛皮蝇和蚊皮蝇的幼虫寄生在牛的皮下组织所引起的一种寄生虫病，其临床症状是幼虫移行至背部皮下发生肿块。

（1）病原　牛皮蝇和蚊皮蝇外形相似，体表有绒毛，不能觅食和蜇咬牛体。牛皮蝇的虫卵产在牛的四肢上部、腹部、乳房区和体侧被毛上，卵呈淡黄白色，有光泽，幼虫寄生于脊髓硬膜外。蚊皮蝇的虫卵产在牛后腿的后下方和前腿部分，幼虫寄生于食管。

（2）生活史　牛皮蝇和蚊皮蝇的发育要经卵、幼虫、蛹和蝇四个阶段。夏季，雌雄皮蝇交配后，雄蝇死亡，雌蝇飞向牛群产卵，之后也死亡。4～7天卵孵化出第一期幼虫。牛皮蝇和蚊皮蝇的第一期幼虫钻入皮下移行，前者发育成第三期幼虫到达背部皮下，后者的第二期幼虫在食管停留5个月，最后也移行到背部皮下，发育成第三期幼虫。在牛背皮出现局部隆起，并有小孔，第三期幼虫寄生2个多月后，从皮孔中逸出，落入土中变成蛹，羽化成蝇。

（3）临床症状　夏季皮蝇产卵时，运动场内牛群不安，摇尾，蹴踢，吼叫。幼虫钻入皮肤时，牛只不安、局部疼痛，病变部位发生血肿、皮下蜂窝织炎，皮肤隆起，粗糙不平。按压肿胀边缘，可挤出幼虫，并有褐色胶冻样物、脓液流出。

（4）治疗　做好灭蝇灭蚊工作，最大程度上避免牛群遭受侵袭。消灭牛背部皮下的幼虫，可用1%～2%敌百虫溶液涂搽，0.5%～0.7%蝇毒磷溶液喷洒牛背。消灭尚未到达牛背部皮下的幼虫，可用10%或15%敌百虫溶液，给牛进行两次臀部肌内注射，或伊维菌素0.02毫升/千克体重，一次皮下注射。

（5）预防　加强牛体卫生和牛舍环境卫生，减少蛹变蝇的条件。在夏季成蝇活动季节，用溴氰菊酯定期全场喷雾，每半个月用2%敌百虫溶液喷洒牛背部。

三、内科病防治

1.前胃弛缓

前胃弛缓是由各种病因导致前胃神经兴奋性降低，瘤胃收缩力减弱，瘤胃内容物运转缓慢，微生物区系失调，产生大量发酵和腐败的物质，引起消化障碍，食欲、反刍减退，乃至全身机能紊乱的一种疾病。

（1）病因　引起前胃弛缓的主要原因是饲养与管理不当。

① 饲养不当　精饲料喂量过多、食入过量不易消化的粗饲料、饮水量不足、饲料突然发生改变、饲喂变质饲料或冰冻饲料、误食塑料袋。

② 管理不当　由放牧迅速转为舍饲或舍饲突然转为放牧；圈舍阴暗、潮湿、受寒；经常更换饲养员和调换圈舍；严寒、酷暑、断奶、离群等应激反应。

③ 继发性前胃弛缓　常继发于口炎、创伤性网胃腹膜炎、瓣胃阻塞、皱胃阻塞、血孢子虫病和锥虫病等。

（2）临床症状　前胃弛缓的症状可分为急性型和慢性型两种类型。

① 急性型。病牛食欲减退或废绝，反刍减少、短促、无力，时而嗳气并带酸臭味，瘤胃蠕动音减弱，蠕动次数减少。触诊瘤胃，其内容物黏硬或呈粥状。病初粪便变化不大，随后粪便变得干硬、色暗，被覆黏液。如果伴发酸中毒时，病情急剧恶化，呻吟、磨牙，食欲废绝，反刍停止，排棕褐色糊状恶臭粪便；精神沉郁，体温下降，呼吸困难，鼻镜干燥，眼窝凹陷。

② 慢性型。病牛食欲不定，有时减退或废绝；常虚嚼、磨牙，发生异嗜；反刍不规则，短促、无力或停止；嗳气减少、嗳出的气体带臭味。病情弛张，时而好转，时而恶化，日渐消瘦；被毛干枯、无光泽；精神不振，体质虚弱。瘤胃蠕动音减弱或消失，内容物黏硬或稀软。病牛有时便秘，粪便干硬，呈暗褐色；有时腹泻，腥臭，呈糊状；或腹泻与便秘相互交替。

（3）诊断　原发性前胃弛缓的诊断，可根据饲养管理失调、临床症状以及瘤胃液pH值的下降等建立诊断。但须与酮血症、创伤性网胃炎、皱胃变位等病进行鉴别。

（4）预防　注意饲料的选择、保管，防止霉败变质；肉牛应依据日粮标准饲喂，不可任意增加饲料用量或突然变更饲料；每天饮水量要充足，不要饮冰水；牛群要保持适量运动；圈舍应干净卫生、通风良好，利于保暖。

（5）治疗　治疗原则是除去病因，加强护理，增强前胃功能，改善瘤胃内环境，恢复正常微生物区系，防止脱水和自体中毒。

① 加强护理。病初绝食1～2天，但要保证充足的清洁饮水，再饲喂适量的易消化的青草或优质干草。轻症病例可在1～2天内自愈。

② 清理胃肠。为了促进胃肠内容物的运转与排出，可用硫酸镁300～500克，鱼石脂20克，酒精50毫升，温水5000～10000毫升，一次内服，或用液体石蜡1000～3000毫升、苦味酊20～30毫升，一次内服。对于采食多量精饲料而症状又比较重的病牛，可采用洗胃的方法，排出瘤胃内容物，洗胃后应向瘤胃内接种纤毛虫。重症病例应先强心、补液，再洗胃。

③ 增强前胃机能。应用促反刍液（5%葡萄糖生理盐水注射液500～1000毫升，10%氯化钠注射液100～200毫升，5%氯化钙注射液200～300毫升，20%苯甲酸钠咖啡因注射液10毫升），一次静脉注射；并肌内注射维生素B_1。此外还可皮下注射新斯的明（牛10～20毫克），但病情严重，心脏衰弱，老龄牛和妊娠母牛则禁止应用，以防虚脱和流产。

④ 应用缓冲剂。在应用前，必须测定瘤胃内容物的pH值，然后再选用缓冲剂。当瘤胃内容物pH值降低时，宜用氢氧化铝200～300克，碳酸氢钠50克，常水适量，牛一次内服；当pH升高时，宜用稀醋酸（牛30～100毫升），加常水适量，一次内服。继发性膨胀的病牛，可灌服鱼石脂、松节油等制酵剂。

⑤ 防止脱水和自体中毒。当病牛呈现轻度脱水和自体中毒

时，应用25%葡萄糖注射液500～1000毫升，40%乌洛托品注射液20～50毫升，20%安钠咖注射液10～20毫升，静脉注射；并用胰岛素100～200国际单位，皮下注射。

2.瘤胃臌气

瘤胃臌气是指瘤胃和网胃发酵产生大量气体，且气体不能以嗳气排出而蓄积于胃内，致使瘤胃体积增大而引起的瘤胃消化功能紊乱的疾病。分为原发性瘤胃臌气和继发性瘤胃臌气。

（1）病因

① 原发性瘤胃臌气主要由饲料和动物自身因素而引起。饲喂大量未经浸泡处理的大豆、豆饼，苜蓿，甘薯秧，幼嫩的青草；饲料中钙、镁、尿素喂量过大；饲料保管不当，青贮发霉、变质；部分牛自身对豆科植物敏感性高，这些因素常引起原发性瘤胃臌气。

② 继发性瘤胃臌气主要是由于嗳气障碍、气体排出受阻所致。前胃弛缓、瘤胃炎、酸中毒、创伤性网胃炎等，在临床上都可表现臌气。

（2）临床症状

① 原发性瘤胃臌气。多发生于采食后不久或采食中，肚腹臌胀是最显著的症状。可见左肷部明显隆起，按压紧张而有弹性，叩诊呈鼓音，听诊瘤胃蠕动音减弱。病情后期，病牛低头拱背，四肢缩于腹下，踢腹，食欲废绝，眼结膜充血，呼吸困难，初期排粪次数增加但量少，之后完全停止。

② 继发性瘤胃臌气。早期瘤胃收缩次数增加，收缩力加强，后呈弛缓状态。臌气时有时消，食欲时有时无。严重时，臌气持续不消，病牛渐进性消瘦，被毛粗糙（图6-7）。

（3）诊断 根据临床症

图6-7 瘤胃臌气

状便可诊断。原发性臌气根据病史、症状可立即作出诊断，继发性臌气因病因复杂、症状各异较难判断。若牛群慢性瘤胃臌气发生较多，除注意病牛本身疾病外，还需要考虑饲料和饲养方面的因素。

（4）治疗　本病治疗的原则是排气减压、制酵泻下、补充体液、缓解中毒。

① 急性病例可采用瘤胃切开术、穿刺术和胃管放气法。瘤胃穿刺术：用套管针直接穿到瘤胃，放出气体。胃管放气法：用胶管经口腔插入瘤胃中，用手压迫左侧腹壁，排出气体。

扫一扫
观看"瘤胃鼓气瘤胃
导管放气"视频

② 原发性瘤胃臌气：鱼石脂20～25克、松节油50～60毫升、酒精100～150毫升混合，一次灌服；或液体石蜡500～1000毫升、松节油80～90毫升，灌服。

③ 继发性瘤胃臌气：硫酸镁500～1000克、碳酸氢钠粉100～150克，加水1000毫升，一次灌服。对伴有低血钙或低血糖的病牛，应补糖、补钙、补碱。处方：25%葡萄糖溶液500毫升、10%葡萄糖酸钙500毫升、5%碳酸氢钠溶液500毫升，一次静脉滴注，每日1～2次。

（5）预防　加强饲养管理是关键。

① 豆科植物（如苜蓿）阴干后再喂，如喂青苜蓿，应控制喂量。

② 谷实类饲料不应粉碎过细，精料量应按需供给。在高含量谷物的日粮中，最低保证15%的粗饲料，如切断的青干草、秸秆等。

③ 注意饲料的保管和加工，要防止腐败和霉烂；避免饲料中混入尖锐异物，减少创伤性网胃炎所引起的继发性瘤胃臌气。

3. 创伤性网胃炎

创伤性网胃炎是进食时饲料中混入的金属异物（如铁钉、铁丝、铁片等）及其他尖锐异物进入瘤胃，继而到网胃后刺伤网胃壁，引起网胃机能障碍，常伴有腹膜炎。特征是突然不食，疼痛，前胃弛缓、瘤胃臌气反复出现。

（1）病因　主要是由于饲料加工调制不细、饲料中混有尖锐金

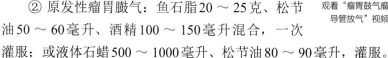

属异物所致。常见的异物有铁丝、铁钉、兽医注射针头、其他非铁物质（如玻璃、硬木条或细竹条）。

（2）临床症状　单纯性创伤性网胃炎，全身反应不明显，检查体温38～39℃，心跳80～90次/分钟，呼吸正常，个别牛病初体温稍有升高，主要特征是食欲紊乱、疼痛和姿势异常。急性病例，食欲突然废绝，精神愁苦，反刍停止，瘤胃蠕动音微弱后停止。粪初正常，后干而少，被覆黏液或血液，排粪时不敢努责。低头伸颈，肘头外展，站立拱背不走，或运步时步态缓慢，下坡时常发出呻吟，卧下时极其小心。急性转为慢性时，食欲时好时坏，或吃草不吃料，或吃精料不吃草，瘤胃蠕动微弱，次数减少。

（3）病理变化　胃壁穿孔部可见炎性浸润或硬结肥厚，胃壁与膈呈纤维素粘连，粘连部位硬结肥厚，内有脓灶。急性弥漫性腹膜炎时，腹腔内大量茶色液体，有腐臭味；整个腹膜表面呈纤维蛋白性炎症，似绒毛状。有时心包被损伤时，可见化脓性心包炎病变。

（4）诊断　可从症状诊断和药物诊断两方面进行。症状诊断：特征表现是食欲废绝，前胃弛缓或瘤胃臌气反复发生；粪便干小呈黑色；独特姿势是肘头外展、拱背及肘肌震颤。药物诊断：可用泻剂来诊断，即对食欲废绝、排粪干涸或停止的病例，使用硫酸镁500～1000克、蓖麻油500毫升，一次灌服，无泻下作用和无食欲者，多与本病有关。

（5）治疗　分为药物和手术疗法两种。

① 药物疗法。以3～5天为一个疗程。青霉素300万单位、链霉素4～5克，一次肌内注射，每日3次；硫酸镁500克、碳酸氢钠100克，加水500～1000毫升，一次灌服；葡萄糖生理盐水1000毫升、25%葡萄糖液500毫升、10%磺胺嘧啶液100毫升，一次静脉滴注，每日1～2次。

② 手术疗法。从胃中取出异物是根治的办法。常用方法是切开瘤胃，将异物从网胃中取出，疗效可靠。

4. 皱胃移位

皱胃的解剖位置在瘤胃和网胃的右侧腹底，正中线偏右。皱胃移位指皱胃由正常位置移到瘤胃和网胃的左侧与左肋弓趾间。向前可扩张至网胃和膈肌，向后可扩张至最后肋骨或进入左侧腰旁窝。临床特征是慢性消化功能紊乱。

（1）病因　主要与皱胃弛缓和妊娠有关。精料饲喂量过多，精料进入皱胃发酵引起挥发性脂肪酸浓度增高，抑制皱胃运动；低血钙会使皱胃收缩力减弱，引起皱胃弛缓。另外，母牛妊娠子宫扩大，使瘤胃腹囊与腹腔底壁趾间出现空隙，皱胃可沿此空隙向左侧移动。

（2）临床症状　病牛食欲减少至废绝，精神稍沉郁，体温、呼吸、脉率正常。因瘤胃被挤于内侧，在左腹部出现扁平状隆起，粪便量少，呈深绿色。瘤胃蠕动微弱或消失，在左侧肩胛骨下三分之一水平线的第11～12肋间听诊皱胃，可听到叮铃声，犹如钢管音；叩诊皱胃具空瓮音。直肠检查时右上腹部较为空虚。随病程延长，机体营养不足，衰弱无力，腹部变小，多卧地不起。

（3）诊断　根据病史及临床特征，如分娩后不久发病，左侧腹下皱胃听诊的钢管音，直肠检查右腹腔上方空虚，左腹腔上部压力降低，外观右肷窝下陷、左腹壁呈扁平状隆起，皱胃穿刺液褐色、pH值2.0等，可以确诊。

（4）治疗　及时使移位的皱胃复位是治疗的根本原则，防止病情延长造成皱胃穿孔导致病牛突然死亡。治疗手段可分为手术疗法和非手术疗法两类。

① 手术疗法。切开腹壁，将移位的皱胃固定于右腹壁上，预后良好。

② 非手术疗法。采用翻滚法，操作前2天禁食和限制饮水，操作当天将牛放倒，腹部向上，四蹄绑定，猛然向右翻滚并突然停止，可使皱胃复位。该疗法的缺点是容易复发。

（5）预防　饲喂过程，尤其是育肥期一定要控制精料的饲喂量，切勿太多。

5.瘤胃酸中毒

瘤胃酸中毒是由于反刍动物采食大量易发酵的碳水化合物，瘤胃乳酸产生过多，pH下降，瘤胃微生物区系失调、功能紊乱的一种代谢性疾病。

（1）病因　大量饲喂精料而缺乏干草，瘤胃pH值下降到5左右，纤毛虫活性大大降低，牛链球菌生长迅速，使乳酸大量产生，并于瘤胃中蓄积。另外，瘤胃中革兰阴性菌大量死亡裂解，释放的内毒素可引起中毒和休克。

（2）临床症状　与采食饲料的数量和性质有关，一般分为最急性型、急性型和慢性型。

① 最急性型。采食大量精料12小时后发生酸中毒，病牛不愿走动，步态不稳，呼吸急促，心跳急促，有的呼吸困难，常于发现症状后1～2小时死亡。死亡时张口吐舌，从口中吐出泡沫状带血唾液。

② 急性型。有的产后即出现症状，食欲废绝，精神沉郁，肌肉震颤，走路摇晃，眼窝下陷。腹泻，排出黄褐色或黑色带黏液的稀粪。有的病牛产后瘫痪，卧地不起、呻吟、磨牙、兴奋不安，之后转为抑制状态，全身不动，拉水样稀粪。

③ 慢性型。症状轻微，前胃弛缓，食欲减退，站立困难。

（3）病理变化　尸僵完全，可视黏膜发绀。瘤胃浆膜血管怒张、充血，瘤胃内容物液体增多，网胃内容物水样，瓣胃黏膜脱落，血管明显，皱胃内容物呈水样或稀粥状，呈黄褐色或红色，四个胃pH值在4.5～6，以皱胃酸度最高。小肠浆膜血管怒张，内容物呈鸡蛋黄样，有血液。盲肠、结肠浆膜血管明显，黏膜充血、出血。

（4）诊断　根据临床症状，结合血液指标、尿液及胃液pH，不难作出诊断。

（5）治疗　药物疗法应该从解除酸中毒、补充水及电解质、扩充血容量几个方面着手。可用5%碳酸氢钠液缓解酸中毒，用生理盐水、5%葡萄糖生理盐水，降低血液中乳酸浓度；可用10%葡萄糖，增加血糖浓度，兼有解毒和营养的作用；可用2%～3%氯化钙改善卧地不起的症状；可用青霉素进行抗菌、消炎。手术疗法一般采用洗胃法，用水灌进瘤胃后将其导出，反复冲洗，有助于瘤胃内pH恢复正常。

（6）预防　管理要精细，做好分群饲养，合理供应精料，为防止瘤胃pH降低，可在日粮中添加缓冲物质，如碳酸氢钠、氢氧化钙、氧化镁等。另外，精料加工时压片或破碎即可，宜大不宜小，颗粒大小要匀称，尽量不要粉碎成细粉再喂。

四、中毒性疾病防治

1.霉稻草中毒

霉稻草中毒是由于大量采食霉稻草所引起腿蹄肿烂的一种真菌毒素中毒病。特征是耳尖枯焦、腿蹄肿烂和蹄匣脱落。

（1）病因　本病的发生主要是由于饲喂霉稻草，霉稻草中三线镰刀菌、半裸镰刀菌等产生的毒素（丁烯酸内脂、赤霉烯醇）可引起牛的中毒。秋冬季节饲草以稻草为主，若稻草未经晾晒而堆贮，可使霉菌大量繁殖而发霉，牛采食后发生中毒。连续阴雨天、日照不足，可加速镰刀菌繁殖，加重稻草霉烂程度。

（2）临床症状　突然发病，病牛精神沉郁，拱背，被毛粗乱；体温、脉搏、食欲和粪便正常，全身变化不明显。蹄部肿胀前，患肢步态僵硬；继而蹄冠肿胀，触诊发热、疼痛，蹄冠与系部皮肤有环状裂隙，从中渗出黄白色、黄红色液体；随后皮肤破溃、出血、化脓和坏死，创面久而不愈。耳部坏死5厘米，病部与健部界限清楚，最后耳尖脱落；尾部也呈干性坏死，甚至整个尾断掉。

（3）诊断

① 临床诊断。发病多发生于饲喂霉稻草的秋、冬季节；饲喂霉稻草，病能复发；典型症状是耳尖、尾尖坏死，腿蹄肿烂。

② 真菌检验。采集怀疑的霉稻草样品，进行分离鉴定，分离出镰刀菌属可以确诊。

（4）治疗　患部尚未破溃，用消毒液冲洗患部，涂刺激性药物（如松节油搽剂）；患部破溃时，用0.1%高锰酸钾溶液或1%～2%来苏尔冲洗患蹄，可在创内撒布磺胺粉。可用磺胺噻唑钠、氯霉素、四环素，防止继发感染。

（5）预防　做好稻草的收贮，及时晒干，严防雨水渗入；饲喂时，要严格检查，霉稻草绝不可喂牛。

2.酒糟中毒

酒糟质地柔软、气味醇香、适口性好，可作为牛饲料。但若长期饲喂或突然大量饲喂，可引起中毒。

（1）病因　日粮配合不匀，酒糟饲喂量过大，或用酒糟代替其他饲料，致使其长期饲喂；或酒糟贮藏不良，引起酸败。

（2）临床症状　湿酒糟可产生大量乳酸，如果饲喂量过大，常出现乳酸中毒症状。

① 急性中毒。病牛食欲废绝，腹痛，兴奋不安，共济失调，脱水，眼窝凹陷，腹泻，或排出黏性粪便，心跳加快，四肢无力，卧地不起。

② 慢性中毒。表现为顽固性的前胃弛缓，食欲不振，瘤胃蠕动微弱，腹泻，消瘦。

（3）诊断　根据有喂酒糟的病史、类似酸中毒后脱水、共济失调、腹泻症状表现，可以确诊。

（4）治疗　原则是解毒和防脱水。缓解酸中毒，可用碳酸氢钠100～150克，加水灌服；补充体液，解除脱水，可用5%葡萄糖生理盐水1500～3000毫升、25%葡萄糖溶液500毫升、5%碳酸氢钠溶液500～1000毫升，静脉滴注；必要时，配合强心剂和维生素治疗。

（5）预防　酒糟饲喂要新鲜，不要贮存太久；饲喂时，严格检查，发现酸败，要加碳酸氢钠、石灰水中和后再喂；严重酸败霉变的酒糟要及时废弃处理；合理调整日粮配方，控制酒糟喂量。

3.亚麻籽饼中毒

亚麻籽饼含有丰富的蛋白质，可作为蛋白质补充料喂牛。由于饲喂不当或亚麻籽饼粉碎过细，采食后释放氢氰酸的速度过快，可引起中毒。

（1）病因　中毒的原因与亚麻籽饼的加工制作、喂量以及牛机体状况有关。长期饲喂未经热处理的亚麻籽饼，其所含的亚麻苦苷酶活性未被破坏，易引起中毒；亚麻籽饼研磨过细，其在瘤胃中释放氢氰酸过快，易引起中毒。

（2）临床症状　中毒后病牛口内流出白色泡沫状唾液，呼吸困难，呼出气体具有苦杏仁味；腹泻，粪便灰白色，含泡沫。病时延长，全身衰弱，卧地不起，牙关紧闭，瞳孔散大，四肢划动，最后死亡。

（3）病理变化　血液鲜红色，黏稠。气管、支气管内积有红色、泡沫状液体，肺水肿。胸腹腔和心包腔内有红色液体。胃肠道黏膜充血、出血，内容物散发出苦杏仁味。

（4）诊断　依据临床特征，结合亚麻籽饼的饲喂量及方法，可作出诊断。另外，可通过普鲁士蓝法检测氰苷的存在与否来确诊。

（5）治疗　确诊后应立即治疗。取5%亚硝酸钠溶液50～60毫升，静脉注射，随即用5%～10%硫代硫酸钠溶液100～200毫升，静脉注射。也可用美蓝和硫代硫酸钠配合治疗。

（6）预防　合理配合日粮，控制亚麻籽饼的喂量；调制过程中，切勿研磨过细；饲喂时，为消除其毒性，可先将亚麻籽饼浸泡，再煮熟10分钟。

4.棉籽饼中毒

棉籽饼中毒是长期饲喂多量的棉籽饼，有毒的棉酚在体内特别是在肝中蓄积，所引起的一种慢性中毒性疾病。胃肠炎、脱水和酸中毒为典型症状。

（1）病因　对棉籽饼的加工调制不当，其中棉酚含量高，毒性未消除；犊牛阶段瘤胃发育不全，对棉酚较敏感；饲料单纯、棉酚饲喂量过大；日粮蛋白质水平低，瘤胃中形成的结合棉酚水平降低，游离棉酚水平增加，毒性作用增强。

（2）临床症状　患牛食欲不振，前胃弛缓，便秘，排出带黏液粪便，后腹泻，脱水，酸中毒。急性病例，经2～3天，死亡率30%左右。慢性病例，由于维生素A缺乏，症状不明显，可见消瘦、夜盲症、尿石症；有的出现黄疸；尿呈红色；妊娠母牛流产。犊牛中毒，出现胃肠炎，腹泻，呈佝偻症状，也有黄疸和夜盲症的发生。

（3）临床病理　尿碱性，比重1.025，含蛋白质，尿沉渣检查有血红素小块；血液红细胞数减少，血红素减少，中性粒细胞增高。

（4）诊断　根据病史、饲料调查及临床典型症状综合分析可作出确诊。调查时可询问以下几点：有无长期或一次多量饲喂棉籽饼的过程；是否进行过去毒处理；日粮配方是否存在蛋白质、维生素缺乏的情况。

（5）治疗　静脉滴注25%葡萄糖溶液500～1000毫升、10%安钠咖溶液20毫升。投服泻剂以清除未吸收的毒物，硫酸镁500～1000克，加水一次灌服。

（6）预防

① 去毒处理。在热水中浸泡2～4小时；日粮中补充硫酸亚铁。

② 平衡日粮。饲料要多样化，要有丰富的蛋白质、维生素和矿物质饲料。

③ 哺乳期犊牛和妊娠后期母牛，敏感性高，最好不饲喂。

五、肉牛常见外科病防治

1. 跛行

肉牛跛行临床上主要表现为腿瘸，是四肢机能障碍所引起的一种临床症状。

（1）病因　引起牛跛行的原因繁杂，牛的先天性或后天性畸形、机械性损伤、感染、代谢性疾病、血液循环障碍及神经系统疾病等都可引发本病的发生，主要包括骨软症、风湿病、骨折、关节创伤、肌肉断裂、肌炎、腱鞘炎、腐蹄病、蹄叶炎及蹄底刺伤等。

（2）临床症状　临床上表现为悬跛、支跛和混合跛。

① 悬跛。病牛运动时，患肢提举和伸扬所出现的一种机能障碍。基本特征是抬不高和迈不远，患肢向前运动时，运步缓慢不灵活，严重时呈拖地前进，病变主要在肢的腕关节、肘关节以上的部位。

② 支跛。病牛运步时，患肢落地负重一瞬间出现的一种机能障碍。基本特征是负重时间缩短和避免负重。伫立时，病肢蹄尖着地或者两肢频繁交替；运步时，呈后方短步，健肢比平时伸出得快，提前接触地面。临床上常以后方短步、免负体重、系部直立和蹄音低作为支跛的依据。患部一般多在病肢下部的骨、关节、腱、韧带及蹄。

③ 混合跛。病牛负重、提举和伸扬时病肢均表现不同程度的功能障碍。其特征是兼具悬跛和支跛的某些症状。患肢不论在支持阶段或悬垂阶段均出现跛行，患病部位多在病肢上部的骨和关节，或病肢的上、下部均有病。

（3）诊断　本病的诊断要结合病史、临床特征、四肢结构等进行综合分析。诊断时要注意与某些传染病、内科病引起的跛行相区别。诊断主要采用下列几种方法。

① 问诊。主要是了解病史，得到第一手资料。主要包括询问牛发生跛行的时间、发生条件、病情轻重程度和进程等。

② 视诊。观察牛的站立姿势，蹄负重情况以及机体和肢是否有外伤、肿胀、变形等。如果无法站立，或前肢伸直呈犬坐姿势，后躯麻痹，往往是脊柱有问题。伫立视诊，即在病牛没有受到任何控制的情况下自然站立，分别在前面和侧面对牛头颈位置进行观察。大多数情况下，如果出现低头和伸颈，且重心从后肢转移到前肢，表明后肢患病；相反，如果出现屈颈和抬头，且重心从前肢转移到后肢，表明前肢患病；如果只有一侧发生跛行，则从前面或者后面进行视诊时，可观察到健肢内收，而患肢蹄外展；如果两后肢发生

跛行，往往会卧地不起；如果四肢在站立时都接近躯体重心，同时出现拱背，往往是四肢都发生跛行。运步视诊，即在病牛为保护出现疼痛的患肢和患部而改变躯体重心时进行观察。可让病牛走动，如果患肢敢抬而不敢踏，为支跛，病变在肢下部；如果敢踏不敢抬，为悬跛，病变在肢上部；如在软地上可以行走，而在硬地上疼痛难行，则病在蹄部。

③触诊。用手触摸、压迫、牵引或强迫运动以测定肿胀、冷热、疼痛。检查蹄壁上有无裂缝，蹄底部是否有孔洞及感染，蹄间隙是否有异物，由上而下检查四肢有无明显肿胀，触摸按压是否有强烈疼痛感，有无骨折。另外，检查肢蹄温度是否正常。

（4）治疗　治疗方案是消炎症，减疼痛，防感染。对病牛加强护理，限制运动。抗菌消炎可用0.9%氯化钠溶液加400万单位的青霉素静脉滴注；抗风湿可用10%水杨酸钠溶液200毫升，5%小苏打溶液300毫升，混合静脉注射；补充钙质可用5%葡萄糖酸钙静脉滴注。另外，做好蹄部护理，坚持蹄浴，保持圈舍洁净也极为关键。

2.创伤

创伤是指机体组织或器官因外力作用而造成的损伤。创伤由创缘、创腔、创壁和创底组成。创缘是创口的断缘。创腔，又称创道，是创口到创底的裂隙，可由致伤物直接分离组织而形成，也可由钝力碾压而形成。创壁是创腔的壁，创腔周围的组织断面。创底是相对于创口而言，创壁的底部相连处。创缘之间的孔隙为创口。

（1）病因　由于玻璃、石块、铁钉等尖锐物体的刺伤，或刀、犁耙、铁片等金属利器的切割，或两牛打斗，或碰撞、摔跌等引起。

（2）临床症状　创伤的一般症状是创口裂开，初发时出血，创内感染时出现脓汁，创伤恢复期创内有肉芽组织和上皮生长。创伤整个过程中，伴随着不同程度的疼痛、创围肿胀和机能障碍，有新鲜创、化脓创和肉芽创三种类型。

①新鲜创。伤后时间短，创内尚有血液流出，或有凝血块，严重时出血严重，组织挫灭重，有时创腔内有毛发、泥沙等异物，不

同部位的创伤会损伤附近的组织和器官，后期可能发生机能障碍。

② 化脓创。一般发生于新鲜创后1周左右，创面皮肤增温、肿胀、疼痛，创内流出脓性分泌物，随着脓液的排出，症状迅速减轻。

③ 肉芽创。创腔内炎症逐渐消退，创内长出红色颗粒状的肉芽组织，较坚实，后创口被周围新生上皮覆盖而愈合。若肉芽组织不被上皮组织覆盖，肉芽组织则老化，形成疤痕。创伤发生于肢的下部背面、关节部背面时，易成赘生肉芽组织，突出皮肤表面，久治不愈。

（3）诊断　外部观察创伤的发生部位、创口的大小及出血、污染情况，判断创伤是否为新鲜创伤；创口内部检查，检查创缘、创面是否整齐、光滑，有无异物及坏死组织等。对于化脓性的创伤，需要做病原学检查以确认为何种细菌感染。

（4）治疗　关键在于及时对症治疗，避免拖延病情。

① 新鲜创。剪除创口周围被毛，用3%双氧水将创围清洗干净；仔细除去创面和创腔的异物，并用生理盐水反复冲洗创腔，然后在创面及周围皮肤涂布碘酒。必要时，可进行缝合；不便缝合时，可行开放疗法。组织损伤严重时，要及时注射破伤风类毒素，并使用抗生素防止继发感染。

② 化脓创。用3%双氧水冲洗创围和创面，扩开创口，切除坏死组织，排出创腔脓液，再用生理盐水反复冲洗，用6%碘仿纱布条做防腐处理。必要时，要做扩创术，对脓液进行引流。如果出现全身反应或局部损伤严重者，须使用抗生素进行治疗。

③ 肉芽创。用生理盐水轻轻清洁创围及创面，局部用药，应选用刺激性小、能促进肉芽组织和上皮生长的药物，如3%龙胆紫等。肉芽组织赘生时，可用硫酸铜腐蚀。

3.脓肿

脓肿是急性感染过程中，组织、器官或体腔内，因病变组织坏死、液化而出现的局限性脓液积聚，四周有一完整的脓壁。

（1）病因　脓肿主要是由金黄色葡萄球菌所引起，其次是化脓性链球菌。此外，静脉注射水合氯醛、氯化钙、高渗盐水等刺激性强的药液时，误漏入皮下也可引起脓肿。

（2）临床症状　脓肿分为急性脓肿和慢性脓肿两种。

① 急性脓肿。浅部脓肿，略高于体表，病初出现红、肿、热、痛，数天后，肿胀与健康组织界限逐渐明显，触诊有波动。多数脓腔随着炎性物质不断渗入会发生破裂，向外排出脓液后迅速好转，无全身症状。如果脓肿较大或排脓不畅，破口自行闭合，内部又形成脓肿或化脓性窦道时出现全身症状，如精神沉郁、食欲不振、瘤胃蠕动减弱等。深部脓肿，一般无波动感，但脓肿表面组织常有水肿和明显的局部压痛，伴有全身症状。

② 慢性脓肿。多数由感染结核菌、化脓菌、霉菌等病原菌而引起，主要表现为脓肿的发展较缓慢，腔内表面已有新生肉芽组织，但内部深处仍有脓汁，有时可形成不能愈合的瘘管。

（3）诊断　依据临床症状，配合穿刺法，可作出诊断。

（4）治疗　急性脓肿病初可冷敷，加速肿胀消退，或用普鲁卡因青霉素在病变部位周围进行封闭。已出现脓肿可使用热敷疗法，或者在患部涂抹鱼石脂软膏。当脓肿成熟，波动感很明显时，应立即切开排脓，尽量将脓腔内的异物和坏死组织清除，然后再用浓盐水或0.1%高锰酸钾冲洗脓腔，并撒入青霉素粉，必要时可以浸有青霉素鱼肝油的纱布条进行脓腔内引流。当发生全身症状时，需及时使用抗生素，并进行强心补液，提高机体抵抗力。

4.疝

动物的某个脏器或组织离开其正常的解剖位置，通过自然孔道或后天形成的薄弱点、缺损或孔隙进入皮下或邻近的解剖腔内，有先天性疝和后天性疝两种。疝由疝孔、疝囊及疝内容物组成。疝孔为解剖孔或者病理性破裂孔，脏器和组织由此孔脱出；疝囊是由腹膜、腹壁的筋膜及皮肤构成；疝内容物是指脱出的腹腔内脏及疝液。常见的疝有脐疝、腹壁疝、会阴疝等。

（1）病因　先天性疝一般是由于天然孔超过支持范围，或腱膜、筋膜发育不良等；后天性疝是由于腹壁受到外伤而引起。内腔手术后（如肠结石摘除术和隐睾去势术等）能引起疝；腹内压增高，如家畜跳跃、蹴踢或难产等也可引起后天性疝。

（2）临床症状

① 脐疝。以先天性为主，其次是断脐不当引起，脐带炎、脐部化脓或脓肿也是发生脐疝的重要原因。脐部可见球状隆起，触诊隆起内有滑动感，听诊时可听到肠管蠕动音，若疝内容物与疝孔发生嵌闭则无此现象。病初用手推挤包囊内容物，可将其送回腹腔内，若脐孔过大则松手后又会脱出。随着病程的延长，疝的内容物可能与疝囊粘连而不能再回纳腹腔，同时可见隆起部皮肤出现水肿，多有热痛反应，病程长者，常致内容物循环不畅发生瘀血、坏死。

② 腹壁疝。大多突然在腹壁发生局限性肿胀，柔软而富有弹性，1～2天后周围出现水肿。在初期易与血肿混淆，肿胀部有热痛，数天后炎症逐渐消退，局部柔软，压迫有收缩性，常可触诊有疝轮，仰卧时易摸到。本病应与腹壁脓肿、血肿、肿瘤等相区别。

③ 会阴疝。指腹腔器官向骨盆腔后部结缔组织凹陷内脱出，外观上以外阴肿胀、阴道突出、黏膜外露，所以又称阴道底壁疝，疝内容物为膀胱、小肠和子宫。本病多发生于难产之后，或伴随子宫、阴道脱垂之后，在肛门、阴门近旁或其下出现无痛性的肿胀，努责时肿胀增大，触诊时柔软有波动，阴道脱垂，尿道口向外突出。如疝内容物为膀胱时，挤压肿胀时可见到尿道口喷尿，病牛频频排尿。

（3）诊断　依据临床症状，可做出诊断。

（4）治疗

① 对于可复性疝且突出不大者，可用保守疗法。将疝内容物整复回腹腔时，在疝周围注射刺激性药物，如95%酒精，促使疝孔周围发炎和增生，并以绷带固定。

② 对于突出较大且不能回复的疝，须采用手术疗法。在疝囊的基底部周围进行剃毛、消毒，用0.5%普鲁卡因作局部浸溶麻醉，然后切开皮肤钝性分离直达疝囊，仔细将疝内容物送回腹腔，用肠线做钮扣缝合疝孔，疝孔周围松弛的皮肤作结节缝合，14天左右拆除皮肤缝线。

参 考 文 献

[1] 杨凤.动物营养学 [M]. 北京：中国农业出版社，2000.

[2] 王成章，王恬.饲料学 [M]. 北京：中国农业出版社，2003.

[3] 姜成钢，张辉.畜禽饲料与饲养学（第 5 版）[M]. 北京：中国农业大学出版社，2006.

[4] 杨效民，李军.牛病类症鉴别与防治 [M]. 太原：山西科学技术出版社，2008.

[5] 胡天正.浅谈养殖场生物安全体系 [J]. 中国动物检疫，2008（04）：8-9.

[6] 吴启发.畜牧业生物安全体系的综述 [J]. 中国动物保健，2009，11（12）：32-36.

[7] 杨效民.肉牛标准化生产技术彩色图示 [M]. 太原：山西经济出版社，2009.

[8] 杨效民.种草养牛技术手册 [M]. 北京：金盾出版社，2011.

[9] 肖定汉.奶牛病学 [M]. 北京：中国农业出版社，2012.

[10] Thomas G F, Robert E T. 肉牛生产与经营决策 [M]. 孟庆翔，主译.北京：中国农业大学出版社，2012.

[11] 杨效民，张玉换.图说肉牛养殖新技术 [M]. 北京：中国农业科技出版社，2012.

[12] 詹克斯·安格布瑞尔，等.牛、绵羊和山羊饲养精要：动物营养需要与饲料营养成分表 [M]. 黄亚宇，司如，陈晓波，主译.北京：中国农业大学出版社，2013.

[13] 袁涛. 肉牛场生物安全集成技术的研究与推广 [J]. 中国草食动物科学, 2015, 35 (01): 56-60.

[14] 杨效民. 种草养肉牛实用技术问答 [M]. 北京: 中国科学技术出版社, 2017.

[15] Taylor E G, Lemenager R P, Fellner V, et al. Effect of dried distiller's grains plus solubles in postpartum diets of beef cows on reproductive performance of dam and heifer progeny[J]. Animal Science, 2017, 95 (10): 4543-4553.

[16] 张鹏坤. 肉牛免疫失败主要原因及应对措施 [J]. 中国畜禽种业, 2017, 13 (07): 90.

[17] 美国国家科学院—工程院—医学科学院. 肉牛营养需要(第8次修订版) [M]. 孟庆翔, 周振明, 吴浩, 主译. 北京: 科学出版社, 2018.

[18] 姜超, 杨宇为, 于洋, 等. 柠条资源在山西地区栽培与开发利用现状 [J]. 农业与技术, 2019, 39 (04): 58-59.

[19] 成锦霞, 于胜晨, 张瑄梓, 等. 3种非常规饲料营养的价值及瘤胃降解特性研究 [J]. 中国畜禽种业, 2019. 15 (10): 102-106.

[20] 秦永胜. 肉牛规模化养殖场主要疫病的免疫程序 [J]. 养殖与饲料, 2019 (12): 54-55.

[21] 刘华, 牛岩, 肖俊楠, 等. 不同粗饲料与全株玉米青贮组合对肉牛生长性能、血清生化指标、血清和组织抗氧化指标及肉品质的影响 [J]. 动物营养学报, 2020, 32 (5) 1-10.

[22] 孔凡林, 刁其玉, 渠建江, 等. 构树在肉牛瘤胃中降解特性的研究 [J]. 草业学报, 2020, 29 (03): 179-189.

[23] 马吉锋, 杨宇为, 于洋, 等. 柠条与玉米芯组合比例对西杂牛增重和血液生化指标的影响研究 [J]. 饲料工业, 2020, 41 (05): 56-60.